KB179442

탈레스의 증명부터 피보나치의 수열까지

달콤한 수학사

달콤한 수학사 1

탈레스의 증명부터 피보나치의 수열까지

초 판 1쇄 발행일 2007년 8월 24일
개정판 2쇄 발행일 2018년 1월 05일

지은이 마이클 J. 브래들리
옮긴이 오혜정 **삽화** 백정현
펴낸이 김지영 **펴낸곳** 지브레인Gbrain
편집 김현주 **감수** 박구연
마케팅 조명구 **제작 · 관리** 김동영

출판등록 2001년 7월 3일 제2005-000022호
주소 04021 서울시 마포구 월드컵로7길 88 2층
전화 (02)2648-7224 **팩스** (02)2654-7696
홈페이지 www.gbrainmall.com

ISBN 978-89-5979-467-6 (04410)
978-89-5979-472-0 (04410) SET

- 책값은 뒷표지에 있습니다.
- 잘못된 책은 교환해 드립니다.
- Gbrain은 작은책방의 교양 전문 브랜드입니다.

탈레스의 증명부터 피보나치의 수열까지

달콤한 수학사

마이클 J. 브래들리 지음 | 오혜정 옮김

추천의 글

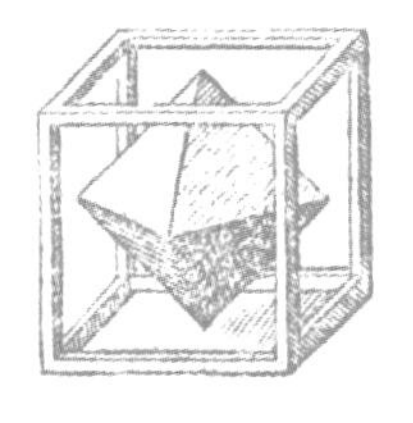

최근 국제수학연맹(IMU)은 우리나라의 국가등급을 'II'에서 'IV'로 조정했다. IMU 역사상 이처럼 한꺼번에 두 단계나 상향 조정된 것은 처음 있는 일이라고 한다. IMU의 최상위 국가등급인 V에는 G8국가와 이스라엘, 중국 등 10개국이 포진해 있고, 우리나라를 비롯한 8개국은 그룹 IV에 속해 있다. 이에 근거해 본다면 한 나라의 수학 실력은 그 나라의 국력에 거의 비례한다고 해도 과언이 아니다.

그러나 한편으로는 '진정한 수학 강국이 되려면 어떤 것이 필요한가?'라는 보다 근본적인 질문을 던지게 된다. 이제까지는 비교적 짧은 기간의 프로젝트와 외형적 시스템을 갖추는 방식으로 수학 등급을 올릴 수 있었는지 몰라도 소위 선진국들이 자리잡고 있는 10위권 내에 진입하기 위해서는 현재의 방식만으로는 쉽지 않다고 본다. 왜냐하면 수학 강국이라고 일컬어지는 나라들이 가지고 있는 것은 '수학 문화'이기 때문이다. 즉, 수학적으로 사고하는 것이 일상화되고, 자국이 배출한 수학자들의 업적을 다양하게 조명하고 기리는 등 그들 문화 속에 수학이 녹아들어 있는 것이다. 우리나라가 세계 수학계에서 높은 순위를 차지하고 있다든가, 우리나라의 학생들이 국제수학경시대회에 나가 훌륭한 성적을 내고 있는 것을 자랑하기 이전에 우리가 살펴보아야 하는 것은 우리나라에 '수학 문화'가 있느냐는 것이다. 수학 경시대회에서 좋은 성적을 낸다고 해서 반드시 좋은 학자가 되는 것은 아니기 때문이다.

학자로서 요구되는 창의성은 문화와 무관할 수 없다. 그리고 대학 입학시험에서 평균 수학 점수가 올라간다고 수학이 강해지는 것은 아니다. '수학 문화'라는 인프라가 구축되지 않고서는 수학이 강한 나라가 될 수 없다는 것은 필자만의 생각은 아닐 것이다. 수학이 가지고 있는 학문적 가치와 응용 가능성을 외면하고, 수학을 단순히 입시를 위한 방편이나 특별한 기호를 사용하는 사람들의 전유물로 인식하는 한 진정한 수학 강국이 되기는 어려울 것이다. 식물이 자랄 수 없는 돌로 가득 찬 밭이 아닌 '수학 문화'라는 비옥한 토양이 형성되어 있어야 수학이라는 나무는 지속적으로 꽃을 피우고 열매를 맺을 수 있다.

이 책의 원제목은 《수학의 개척자들》이다. 수학 역사상 인상적인 업적을 남긴 50인을 선정하여 그들의 삶과 업적을 시대별로 5권으로 정리하여 한 권당 10명씩 소개하고 있다. 중 · 고등학생들을 염두에 두고 집필했기에 내용이 난삽하지 않고 아주 잘 요약되어 있으며, 또한 각 수학자의 업적을 알기 쉽게 평가하고 설명하고 있다. 또한 각 권 앞머리에 전체 내용을 개관하여 흐름을 쉽게 파악하도록 돕고 있으며, 역사상 위대한 수학적 업적을 성취한 대부분의 수학자를 설명하고 있다. 특히 여성 수학자를 적절하게 배려하고 있다는 점이 특징이다. 일반적으로 여성은 수학적 능력이 남성보다 떨어진다는 편견 때문에 수학은 상대적으로 여성과 거리가 먼 학문으로 인식되어왔다. 따라서 여성 수학자를 강조하여 소개한 것은 자라나는 여학생들에게 수학에 대한 친근감과 도전 정신을 가지게 하리라 생각한다.

어떤 학문의 정체성을 파악하려면 그 학문의 역사와 배경을 철저히 이해하는 일이 필요하다고 본다. 수학도 예외는 아니다. 흔히 수학은 주어진 문제만 잘 풀면 그만이라고 생각하는 사람도 있는데, 이는 수학이라는 학문적 성격을 제대로 이해하지 못한 결과이다. 수학은 인간이 만든 가장 오래된 학문의 하나이고 논리적이고 엄밀한 학문의 대명사이다. 인간은 자연현상이나 사회현상을 수학이라는 언어를 통해 효과적으로 기술하여 직면한 문제를 해결해 왔다. 수학은 어느 순간 갑자기 생겨난 것이 아니고 많은 수학자들의 창의적 작업과 적지 않은 시행착오를 거쳐 오늘날에 이르게 되었다. 이 과정을 아는 사람은 수학에 대한 이해의 폭과 깊이가 현저하게 넓어지고 깊어진다.

수학의 역사를 이해하는 것이 문제 해결에 얼마나 유용한지 알려 주는 이야기가 있다. 국제적인 명성을 떨치고 있는 한 수학자는 연구가 난관에 직면할 때마다 그 연구가 이루어진 역사를 추적하여 새로운 진전이 있기 전후에 이루어진 과정을 살펴 아이디어를 얻는다고 한다.

수학은 언어적인 학문이다. 수학을 잘 안다는 것은, 어휘력이 풍부하면 어떤 상황이나 심적 상태에 대해 정교한 표현이 가능한 것과 마찬가지로 자연 및 사회현상을 효과적으로 드러내는 데 유용하다. 그러한 수학이 왜, 어떻게, 누구에 의해 발전되어왔는지 안다면 수학은 훨씬 더 재미있어질 것이다.

이런 의미에서 이 책이 제대로 읽혀진다면, 독자들에게 수학에 대한 흥미와 지적 안목을 넓혀 주고, 우리나라의 '수학 문화'라는 토양에 한 줌의 비료가 될 수 있을 것이라고 기대한다.

박 창 균

(서경대 철학과 교수, 한국수학사학회 부회장, 대한수리논리학회장)

옮긴이의 글

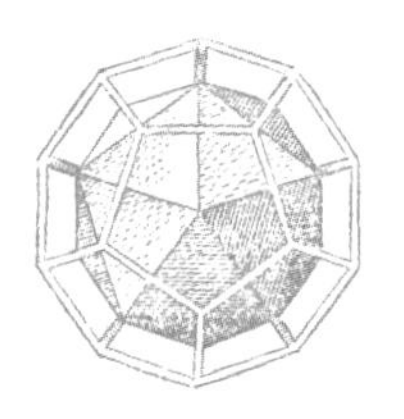

수학 교사로서 나는 수학을 잘 가르치고 있는가 하는 생각을 종종 하곤 한다. 단순히 정의와 공식을 알려주고 예제를 통해 풀이 방식을 숙달시키는 수업을 반복하면서 아이들과 마찬가지로 교사인 나도 지루하고 재미없음을 느꼈던 탓이다. 삶과 단절된 수학, 즐길 수 없는 수학, 그런 수학을 왜 배워야 하지?

어설프게라도 무언가를 이야기할 수 있어야 하지 않을까 해서 한동안 닥치는 대로 책을 읽고 생활 속에서 활용되는 수학을 찾으려 무던히 애를 썼던 것 같다. 소수를 이용한 암호, 포물면을 이용한 전조등, 수의 성질을 이용한 바코드, 육각형 모양의 벌집, 원기둥 모양의 컵 등등……. 이렇게 찾아낸 내용들은 다분히 단편적인 것이었고 교과서 내용과 연결 짓기 어려운 것도 있어 아이들에게는 흥밋거리에 불과한 경우가 있었다. 내 의문에 대한 답변으로는 너무나 부족했던 것이다.

이러한 때에 여러 가지 수학 관련 책을 읽으면서 수학사의 가치를 알게 되었다. 수학사는 수학의 역사이면서 동시에 인류 역사와 같은 흐름을 가지고 있다는 것도 알았다. 때문에 수학사는 단순히 수학의 발달사만을 담고 있지 않고, 인간의 삶과 수학이 더불어 성장해오고 있다는 것을 보여 주고 있다. 수학사에 담긴 수학은 인류의 생활을 끌어 주고

받쳐 주는 역동적인 모습으로 인류사와 뒤섞여 있었던 것이다. 수학사 안에 내 의문에 대한 답이 있었다.

번역을 하면서는 내가 아이들에게 무언가를 이야기하고 있다는 생각을 했다. 이 책에서는 고대에서부터 13세기에 이르기까지 저자가 구성한 대표적인 수학자 10명의 생애와 업적은 단지 한 개인의 삶만을 소개하고 있지 않다. 단 10명에 불과하지만 이들이 만들어낸 수학 세계는 인류의 문명과 문화를 변화시키고 이성을 발전시키는 데 핵심 역할을 해 왔다는 것을 여실히 보여주고 있다.

고대 그리스 수학자인 탈레스는 수학을 이용하여 신화적 사고에서 벗어나 과학적 사고를 하게 되었으며, 인류 최고의 산물인 인도-아라비아 숫자는 로마 숫자로 지루하고 복잡하여 제한된 계산을 하던 유럽인들의 생활을 변화시켰다. 또 유클리드 기하학의 형식과 절차는 철학자나 정치가들에게 필요한 합리적인 이성의 힘의 원천이 되었으며, 대부분의 수학자들은 수학과 천문학, 수학과 물리학을 결합하여 또 다른 지식을 생산해내고 이것은 바로 인류의 발전으로 연결되었다. 소소하게는 피라미드의 높이를 재고, 도르래나 지레의 발견, 달력 개량 등을 통해 생활의 편리를 추구하기도 했다.

한편 수학사는 우리의 교육 과정과도 잘 연결시킬 수 있는 장점이 있다. 교과서의 내용은 현대 수학보다는 오히려 고대나 중세의 수학에 대한 내용이 많다. 그러나 고대나 중세의 수학이라고 해서 과거의 사실로만 존재하지는 않는다. 고대나 중세에 피타고라스가 분류한 수나 유클리드 기하학, 대수학이나 수론의 일부 내용은 여전히 현대 수학의 연구 주제로 남아 있고, 그 내용을 바탕으로 현대 수학이 우뚝 설 수 있었기 때문이다.

아직도 어설픔을 완전히 떨치지는 못했지만 조금씩 아이들에게 무언가를 이야기할 수 있을 것 같다. 생활 속의 수학을 힘들여 억지스럽게 찾을 필요도 없어졌다. 예컨대 굳이 포물면의 특성을 이용한 전조등 이야기를 하지 않더라도 피타고라스의 생애와 업적에서 등장한 수학과 그의 삶의 모습은 이미 수학이 인간의 삶과 단절된 것이 아님을 보여주고 있기 때문이다.

수학자의 생애와 업적을 통해 수학사를 다루고 있는 이 책은 독자들에게 단순히 수학 지식을 전달하지만은 않을 것이다. 아마도 독자들은 이 책을 읽고 나서 수학의 필요성을 절실히 느낄 것이며, 더불어 수학에 대한 매력을 가지게 되리라고 기대해 본다.

오 혜 정
(용호고등학교 교사)

들어가기 전에

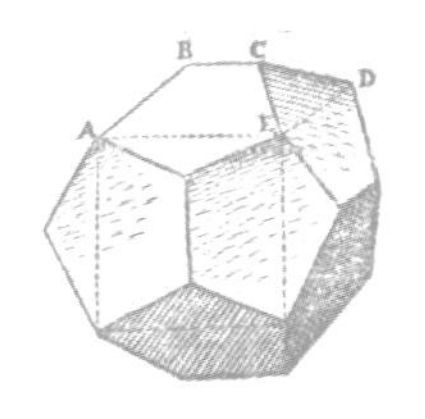

수학에 등장하는 숫자, 방정식, 공식, 등식 등에는 세계적으로 수학이란 학문의 지평을 넓힌 사람들의 이야기가 숨어 있다. 그들 중에는 수학적 재능이 뒤늦게 꽃핀 사람도 있고, 어린 시절부터 신동으로 각광받은 사람도 있다. 또한 가난한 사람이 있었는가 하면 부자인 사람도 있었으며, 엘리트 코스를 밟은 사람도 있고 독학으로 공부한 사람도 있었다. 직업도 교수, 사무직 근로자, 농부, 엔지니어, 천문학자, 간호사, 철학자 등으로 다양하였다.

《달콤한 수학사》는 그 많은 사람들 중 수학의 발전과 진보에 많은 역할을 한 50명을 기록한 5권의 시리즈이다. 이 시리즈는 그저 유명하고 주목할 만한 대표 수학자 50명이 아닌, 수학에 중요한 공헌을 한 수학자 50명의 삶과 업적에 대한 이야기를 담고 있다. 이 책에 실린 수학자들은 많은 도전과 장애물들을 극복한 사람들이다. 그들은 새로운 기법과 혁신적인 아이디어를 떠올리고, 이미 알려진 수학적 정리들을 확장시켜 온 수많은 수학자들을 대표한다.

이들은 세계를 숫자와 패턴, 방정식으로 이해하고자 했던 사람들이라고도 할 수 있다. 이들은 수백 년간 수학자들을 괴롭힌 문제들을 해결하기도 했으며, 수학사에 새 장을 열기도 했다. 이들의 저서들은 수백 년간 수학 교육에 영향을 미쳤으며 몇몇은 자신이 속한 인종, 성별, 국적에서 수학적 개념을 처음으로 도입한 사람으로 기록되고 있다. 그들은 후손들이 더욱 진보할 수 있게 기틀을 세운 사람들인 것이다.

수학은 '인간의 노력적 산물'이라고 할 수 있다.

수학의 기초에 해당하는 십진법부터 대수, 미적분학, 컴퓨터의 개발에 이르기까지 수학에서 가장 중요한 개념들은 많은 사람들의 공헌에 의해 점진적으로 이루어져 왔기 때문일 것이다. 그러한 개념들은 다른 시공간, 다른 문명들 속에서 각각 독립적으로 발전해 왔다. 그런데 동일한 문명 내에서 중요한 발견을 한 학자의 이름이 때로는 그 후에 등장한 수학자의 저술 속에서 개념

《달콤한 수학사》 제1권 〈탈레스의 증명부터 피보나치의 수열까지〉는 기원전 700년부터 서기 1300년까지의 기간 중 고대 그리스, 인도, 아라비아 및 중세 이탈리아에서 살았던 수학자들을 기록하고 있고, 제2권 〈알카시의 소수값부터 배네커의 책력까지〉는 14세기부터 18세기까지 이란, 프랑스, 영국, 독일, 스위스와 미국에서 활동한 수학자들의 이야기를 담고 있다. 제3권 〈제르맹의 정리부터 푸앵카레의 카오스 이론까지〉는 19세기 유럽 각국에서 활동한 수학자들의 이야기를 다루고 있으며, 제4·5권인 〈힐베르트의 기하학부터 에르되스의 정수론까지〉와 〈로빈슨의 제로섬게임부터 플래너리의 알고리즘까지〉는 20세기에 활동한 세계 각국의 수학자들을 소개하고 있다.

이 통합되는 바람에 종종 잊혀질 때가 있다. 그래서 가끔은 어떤 특정한 정리나 개념을 처음 도입한 사람이 정확히 밝혀지지 않기도 한다. 그렇기 때문에 수학은 전적으로 몇몇 수학자들의 결과물이라고는 할 수 없다. 진정 수학은 '인간의 노력적 산물'이라고 하는 것이 옳은 표현일 것이다. 이 책의 주인공들은 그 수많은 위대한 인간들 중의 일부이다.

《달콤한 수학사》 시리즈 중 1권인 〈탈레스의 증명부터 피보나치의 수열까지〉에서는 기원전 700년부터 서기 1300년 사이에 등장했던 10명의 유명한 수학자의 생애와 업적을 소개하고 있다. 이 기간 동안 여러 문명사회의 많은 수학자들은 수학적 지식을 다루고 연구함으로써 산술계산과 수론, 대수학, 기하학, 삼각법, 수리 천문학과 수리 물리학의 토대를 마련했다. 또 번영을 누린 모든 문명사회에서는 수학적 혁신을 이루어 내기도 했다. 우리는 중요한 발견을 하고 바빌로니아와 이집트, 중국의 새로운 수학적 지식을 소개한 사람들에 대해서 거의 아는 바가 없다. 그리스와 인도, 아라비아, 중세 이탈리아 역사학자들은 자신들의 문명사회에서 이루어낸 수학적 연구결과에 대한 기록을 잘 보존해 왔고 몇몇 개혁적인 수학자들에 대해서도 기록으로 남겼다. 따라서 이 책에서는 이 기간에 존재했던 모든 문화권의 수많은 수학자들을 대표하여 네 문화권, 즉 그리스와 인도, 아라비아, 중세 이탈리아 출신의 수학자 10명을 소개하려고 한다.

이 기간의 처음 1000년 동안, 그리스 학자들은 실용적이고 이론적인 수학의 형식적 체계에 관심을 갖고 연구했다. 기원전 7세기에 밀레투스의 탈레스는 기하학 정리를 최초로 증명함으로써 수학의 논리적인 토대를 마련했다. 1세기가 지난 후 사모스의 피타고라스는 학교를 설립한 뒤 제자들과 함께 완전수와 직각삼각형의 변의 길이, 다섯 가지의 정다면체를 포함한 다양한 수학적 지식에 대해 연구했다. 기원전 3세기에 알렉산드리아의 유클리드는 이후 2000년 동안의 기하학 연구를 정의한 책 《원론》을 썼다. 그와 동시대인인 시라쿠스의 아르키메데스는 둘레의 길이, 넓이, 부피를 어림하여 계산하는가 하면 접선을 알아내고 각을 삼등분하기 위하여 획기적인 기하학적 방법을 이용했다. 높은 수준의 수학을 쓰고 가르친 최초의 여성 수학자로 알려진 4세기 알렉산드리아의 히파티아는 여러 권의 주석서를 씀으로써 이전 그리스 수학자들의 연구 결과를 수정, 보완하고 보존하는데 공헌했다.

또 인도의 수학자들은 다양한 수학 분야에서 보다 향상된 수학 지식과 기법들을 개발했다. 이 기간에 등장한 두 명의 유명한 인도 수학자는 아리아바타와 브라마굽타이다. 6세기에 아리아바타는 큰 수를 표기하기 위해 알파벳 표기 체제를 도입했으며 거리를 어림하고 넓이를 구하며 부피를 계산하는 기법을 개발했다. 7세기에 브라마굽타는 음수를 사용하여 산술 계산을 하는 규칙을 개발하였으며 각의 사인값과 제곱근의 값을 구하기 위하여 순환 알고리즘을 이용했다.

다음 6세기 동안 아라비아 수학자들은 그리스와 인도 수학자들의 연구 결과를 더욱 확장시켰다. 9세기에 수학자 무하마드 알콰리즈미는 최초의 대수학 교과서에서 2차방정식의 풀이법을 설명했으며 11세기 오마르 카얌은 대수 방정식을 풀기 위하여 기하학적 방법을 개발하고 유클리드의 비례론을 확장시켰다.

13세기 이탈리아의 레오나르도 피보나치는 인도, 아라비아 수학자들이 개발한 10진법과 효율적인 산술계산 알고리즘에 대한 연구 결과를 책으로 발행했다. 그의 책을 통하여 유럽인들은 그리스 수학에 대하여 다시 관심을 갖기 시작하였으며 인도-아라비아 수체계를 받아들이게 되었다.

수학과 과학의 발달에 큰 공헌을 한 이 10명의 수학 선구자들 이야기 속에서 우리는 그들의 생애와 정신을 살펴볼 수 있다.

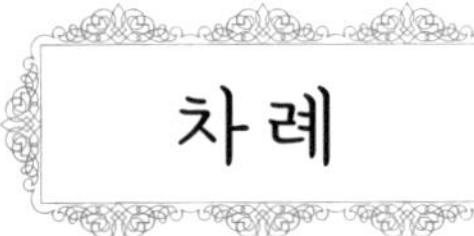
차 례

| Chapter 3 |

최초의 수학 교과서의 저자–유클리드

| Chapter 4 |

수학의 원리를 이용할 줄 알았던 고대 그리스의 발명가–아르키메데스

| Chapter 5 |

인류 최초의 여성 수학자 – 히파티아

| Chapter 6 |

최초로 알파벳 기호를 사용한 수학자 – 아리아바타 1세

| Chapter 9 |

3차방정식을 기하학적으로 풀이한 – 오마르 카얌

|Chapter 10|

인도, 아라비아 숫자를 유럽에 보급시킨 수학자인 – 레오나르도 피보나치

탈레스

수학의 원리를 이용할 줄 알았던 고대 그리스의 발명가

"탈레스에게 중요했던 것은
무엇을 아느냐가 아니라 어떻게 아느냐였다."

- 아리스토텔레스

밀레투스의 탈레스는 기하학적 정리를 최초로 증명했다.

신적 사고에서 과학적 사고로

탈레스가 태어나던 당시에 사람들은 세상에서 일어나고 있는 일이나 자연 현상의 원인을 그리스 신화에 나오는 신의 뜻이라고 생각했다. 그러나 탈레스는 이것에 의문을 갖고 자연에서 그 원인을 찾으려고 하였고 만물의 근원을 물이라고 주장했다. 물은 다른 모든 것을 변화시키지만 물 자체는 영원히 변하지 않는 근본 원리라는 것이다. 탈레스의 이런 주장은 세계의 모든 원리를 초자연적인 힘에 의해 설명하려 했던 이전의 자연관과 결별을 고하게 했다.

천문학자이기도 했던 그는 일식을 정확하게 예언했다. 이 사건은 신화적 사고에서 과학적 사고로 이동하는 당시의 변화를 잘 보여주는 예로, 이후에 사람들은 이 사건을 통해 더 이상 천둥이나 번개와 같은 기상 현상, 달이 차고 이지러지는 것, 천체의 운동 등을 신의 조화로 여기지 않게 되었다.

탈레스는 역사학자들이 남긴 기록이 달라 대략 기원전 641년에서 625년 사이에 태어난 듯하며 그중에서도 기원전 625년을 조금 더 정확한 출생 연도로 보고 있다. 탈레스는 에게 해를 건너 아테네에서 동쪽으로 200마일 떨어진, 현재 터키 땅인 그리스의 작은 도시 밀레투스에서 태어났다. 당시에 밀레투스는 지중해에 인접해 있는 여러 나라들과 동쪽의 여러 국가 및 인도를 연결하는 항구도시였다.

탈레스의 가족이나 그의 어린 시절에 대해서는 거의 알려져 있지 않다. 청년 시절 천문학, 수학, 과학에 많은 관심을 가졌던 탈레스는 공부를 하기 위해 밀레투스를 떠나 이집트, 바빌로니아(현재의 이라크)로 여행을 다녔다. 이로 인해 사람들은 그를 밀레투스의 탈레스라 부르기도 했다.

자연철학자

기원전 590년경 밀레투스로 돌아온 탈레스는 이오니아 철학 학교를 설립하고 그곳에서 과학, 천문학, 수학, 철학을 가르쳤다. 철학 시간에 탈레스는 삶의 의미와 지혜에 대하여 학생들과 같이 이야기했다. 그는 질문하는 것, 특히 '왜why?'라는 질문의 중요성을 강조했다. 또한 세상에서 일어나는 일들이 논리적이고 기초적인 정리들에 의해 설명될 수 있다고 주장했다.

당시 그리스인들은 신들의 뜻에 의해 자신들의 삶이 정해진다고 믿었다. 농업 · 풍요 · 결혼의 여신 데메테르가 곡식을 만들고 동물을 키우고, 술의 신 디오니소스가 단맛과 쓴맛을 담당하며, 사랑과 미의 여신인 아프로디테는 사람들을 사랑에 빠지게 하고, 전쟁의 신인 아레스는 누가 전쟁에서 승리할 것인지를 정한다고 생각했다. 하지만 탈레스의 생각은 달랐다. 그는 세상의 많은 일들의 원인이 자연에 있다고 확신하고 이를 설명하려고 했다.

그리스 신화에 따르면 지진은 바다의 신 포세이돈이 화가 날 때 일어난다. 반면 탈레스는 땅 밑에 물이 흐르고 있으며 지구를 이 물 위에 떠 있는 커다란 원반이라고 생각했다. 따라서 지진은 물이 흔들려 생긴 파도로 인해 땅이 흔들리며 발생한다고 설명했다. 보다 논리적으로 자연 현상을 설명하려 한 것이다. 그는 학생들에게 이와 같은 이론들을 가르쳤으며, 다른 물리적 사건에 대해서도 객관적인 근거를 들어 합리적으로 설명할 것을 주장했다.

탈레스가 지진의 발생 원인을 틀리게 생각했다고 하더라도 초자연적으로 설명하거나 신화를 끌어다 붙이지 않고 자연을 관찰함으로써 원인을 찾고자 한 그의 태도는 세상을 이해하려는 획기적이면서도 새로운 접근이었다. 세상에서 일어나는 일들의 원인과 그 결과를 자연에서 찾으려는 그의 생각은 점점 자연철학으로 알려지게 되었다. 아리스토텔레스는 저서 《형이상학 *Metaphysics*》에서 탈레스를 이오니아 자연철학의 선구자로 소개했다. 탈레스가 물리적 현상을 설명하기 위해 자연 법칙을 탐색한 것은 바로 과학 발전의 길을 여는 토대를 마련한 것이라 할 수 있다.

수학의 정리를 처음으로 증명하다

탈레스는 수학 지식을 우리가 세상에서 경험하는 것이며 보다 심오한 이유로 참이라고 생각하고 학생들에게 서로 논리적으로 맞는 규칙들을 모아놓은 것이라고 가르쳤다. 동시에 기초적인 원리들과 논리를 탐색하여 많은 수학적 성질과 규칙을 알아내고 이들의 기초가 되는 원리를 공리axioms, 공준postulates이라 했다. 또 이 공리와 공준에 논리적인 근거를 제시함으로써 얻은 성질을 정리theorem, 논리적으로 추론하는 과정을 증명이라 했다.

탈레스는 원과 삼각형의 기하학적 성질과 관련하여 다음과 같은 다섯 가지 기본 정리를 증명했다. 탈레스 이전의 사람들은 이들 정리가 참임을 알고 있었지만 어느 누구도 참이 되는 이유에 대해서는 설명하지 못했다. 반면 탈레스는 기하학의 기본 공리들로부터 이들 정리가 논리적으로 어떻게 표현되는지를 보였다.

1. 원의 중심을 지나는 임의의 선은 원을 두 개의 영역으로 나눈다. 즉 임의의 지름은 원을 이등분한다.

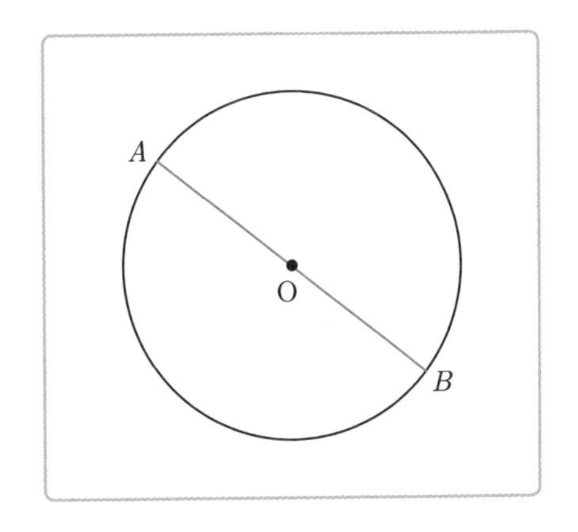

2. 한 삼각형의 두 변의 길이가 같다면, 두 변의 대각의 크기 또한 같다. 즉 이등변삼각형의 두 밑각의 크기는 같다.

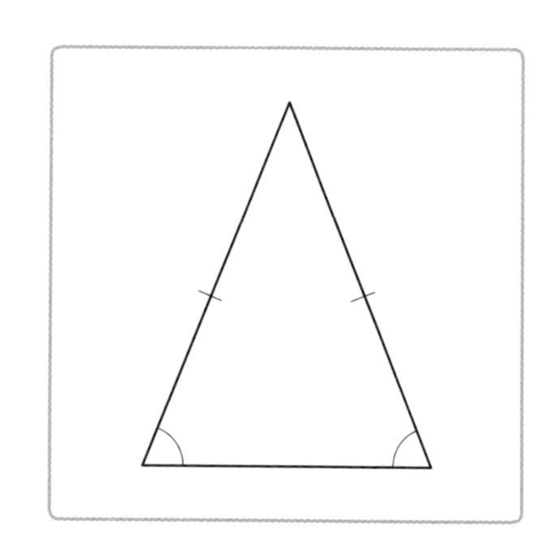

3. 두 선분이 만나면, 서로 마주보는 각의 크기는 서로 같다. 즉, 만나는 직선에 의해 생긴 맞꼭지각의 크기는 같다.

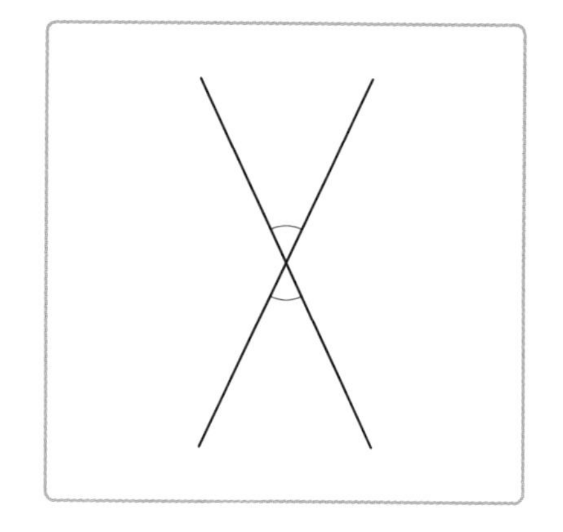

4. 삼각형의 세 꼭지점이 원 위에 있고, 세 변 중 한 변이 원의 지름이면, 그 삼각형은 직각삼각형이다. 즉 반원에 내접하는 삼각형은 직각삼각형이다.

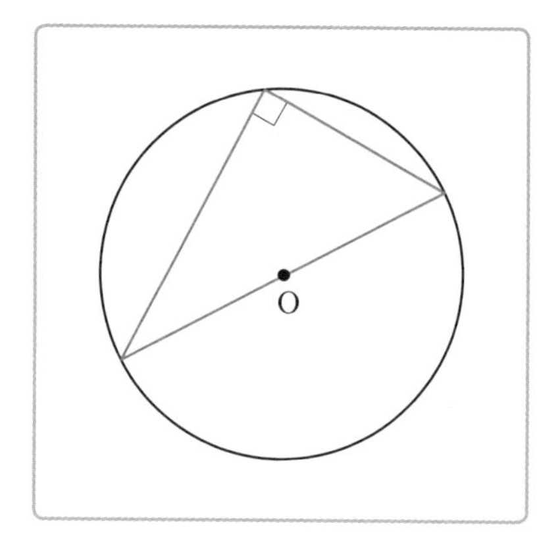

5. 어떤 삼각형의 두 각과 그 사이에 있는 변이 다른 삼각형의 대응되는 각과 변의 길이와 같다면, 두 삼각형은 서로 합동이다. 이것은 합동인 삼각형의 'ASA 규칙'이다.

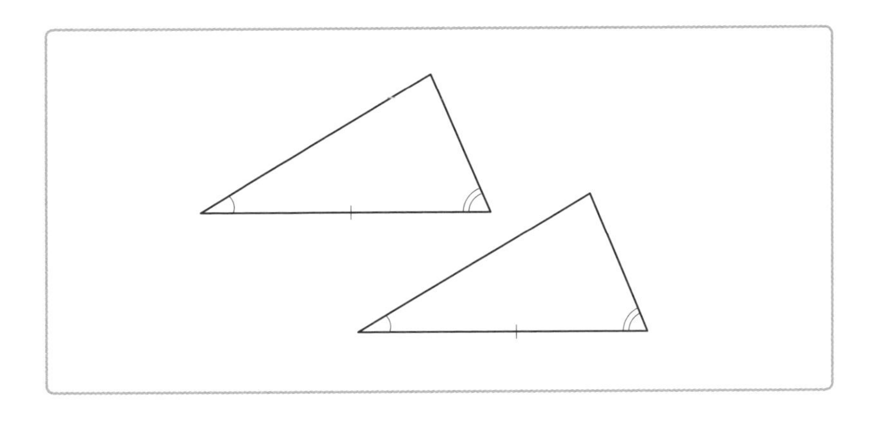

탈레스가 이들 정리에 대한 증명을 어디에도 기록해 놓지 않아 어떻게 증명했는지는 전혀 확인할 수 없지만, 후세의 수학자들은 이들 정리에 대하여 매우 세련되고 논리 정연한 증명을 제시해 왔다. 탈레스는 수학적 정리들이 반드시 증명된다는 것을 가르침으로써 수학의 특성을 다시 정의하였으며, 측정 기법과 계산 규칙을 모아 정리함으로써 사람들이 세상의 일을 보다 합리적으로 분석할 수 있도록 했다. 물론 학생들은 공부할 때나 기하학적 경험을 쌓을 때 탈레스가 강조한 기초적인 원리를 바탕으로 한 논리적 추론 방법을 가장 중요시했으며, 오늘날에도 이 방법은 여전히 여러 수학 분야의 기본 특성으로 남아 있다.

그리스인들을 깜짝 놀라게 한 천문학적 발견

철학자이자 수학자였던 탈레스는 동시에 천문학자이기도 했다. 기원전 585년 탈레스는 일식을 정확히 예언하여 사람들을 깜짝 놀라게 했다. 바빌로니아 천문학자들이 몇 년 동안 기록해 오던 것들을 연구한 결과 달이 태양 앞을 언제 지나는지를 알게 되었던 것이다.

태양이 사라진 것은 신이 인간에게 화가 났기 때문이라고 믿고 있던 그리스인들에게 일식에 대한 탈레스의 예언과 그 원인에 대한 설명은 매우 놀라운 것이었다. 탈레스는 수많은 업적보다도 이 정확한 예언으로 인해 큰 명성을 얻게 되었다.

탈레스는 하지, 춘분, 추분에 대해서도 예언하고 그 현상이나 원인을

설명했다. 일부 역사학자들에 따르면 그가 일식, 극점, 춘분점, 추분점과 관련된 천문학 책을 쓴 것으로 되어 있으나 전해 내려오는 것은 없다.

당시의 그리스인들과 마찬가지로 탈레스도 태양과 별들을 관측하고 연구했다. 그리스인들은 여러 동물들과 사람 모습을 띤 별자리의 많은 별들을 관측하고, 사람이 태어나면 태어난 당시의 12궁의 모습을 통해 그 사람의 성격과 운이 이떻게 결정되는지를 설명하기도 했다. 각 별자리에는 전갈자리, 물병자리, 사자자리, 쌍둥이자리와 같은 이름을 붙였으며, 나중에 각 열두 달에 대해서도 이들 별자리의 이름을 붙였다. 탈레스는 점성술을 믿지 않았지만, 항해사들이 항해 도중 자신들의 위치를 파악하고 도착지를 찾아갈 때 별자리의 위치를 어떻게 이용하는지에 대하여 많은 관심을 가졌다.

그리스 항해사들은 항해를 안내하는 중요한 별자리로 큰곰자리를 이용했다. 탈레스는 하늘에서 가장 밝은 별 중의 하나인 북극성이 포함된 6개의 별들로 구성된 작은곰자리라는 새로운 별자리를 찾아내고 위치를 보다 정확하게 파악하는 데에 이 별자리가 매우 유용하다고 생각해 항해사들에게 항해 중 이 별자리를 이용할 것을 권했다. 항해사들을 위한 이 조언은 동시대인인 포코스^Phokos^의 저서로 추측되는《*The Nautical Star Guide*》에 실려 있다.

탈레스는 그림자의 길이를 재어 피라미드의 높이를 밝혀냈다.

고대 그리스의 문제 해결사

탈레스의 명성이 널리 알려지게 되면서 그가 여행을 가는 곳마다 사람들이 어려운 문제들에 대한 조언을 구했다. 그중에는 이집트 왕이 피라미드의 높이를 구해 줄 것을 요청하는 것도 있었다. 해결 방법을 고민하던 중 탈레스는 시간대에 따라 태양에 의해 생기는 그림자의 길이가 다르다는 것을 관찰하게 되었다. 그는 자신의 그림자의 길이가 자신의 키와 같을 때, 피라미드의 그림자 또한 구하고자 하는 피라미드의 높이와 같을 것이라고 추측했다. 이 단순한 원리를 이용하여 그는 피라미드의 높이를 구하는 데 성공했다.

한편 그리스의 왕인 크리서스 또한 탈레스에게 매우 어려운 문제 해결을 부탁했다. 강폭이 넓어 다리를 놓을 수도 없고 깊이가 깊어 걸어서 건너기에도 어려운 할리스 강을 자신의 군대가 무사히 건너갈 수 있도록 해 달라는 것이다.

여러 가지 방법을 생각한 끝에 탈레스는 강둑에 왕의 부하들을 집결시킨 뒤 가지고 있는 장비들을 가져오도록 했다. 그런 다음 강 옆에 또 다른 수로를 파서 그곳으로 강물이 흘러들어가게 했다. 그러자 강에 얕은 웅덩이가 생겼고 왕의 군대는 그곳을 통과하여 모두 강을 건널 수 있었다고 한다.

바다 위의 배에서 해안가까지의 거리를 정확히 구하는 방법을 알고자 했던 상인들과 항해사들 역시 탈레스에게 도움을 청했다. 해안가에서 항구를 떠나거나 들어오는 배를 보면서 원근감으로 배가 얼마나 멀리 떨어져 있는지 추측할 수는 있었지만 정확한 거리를 계산하는 방법은 알지 못했기 때문이다. 탈레스는 이 거리를 정확하게 구하기 위해 닮은 삼각형의 성질, 즉 닮은 두 삼각형에서 한 삼각형의 두 변의 길이의 비가 다른 삼각형의 대응하는 변의 길이의 비와 같다는 것을 이용했다.

다음 그림을 이용하여 탈레스의 계산 방법을 설명해 보자. 먼저 해안가의 두 점 A, B에서 배를 연결하는 선분을 각각 긋고, 점 A에서 배와 연결한 선분에 수직이면서 점 A를 지나는 직선을 긋는다. 그런 다음 이 새로운 직선에 수직이면서 점 B를 지나는 또 다른 직선을 그으면 두 개의 닮은 삼각형이 생길 것이다. 이 두 닮은 삼각형에서 해안가에 있는 네 개의 변의 길이를 잰 다음 대응하는 변의 길이의 비를 구하면 배까지의 거리를 계산할 수 있다. 이로써 측정과 직각 만들기에 익숙한 상인들과 항해사들은 사용하기 쉬우면서도 매우 유용한 계산 방법을 알게 되었다.

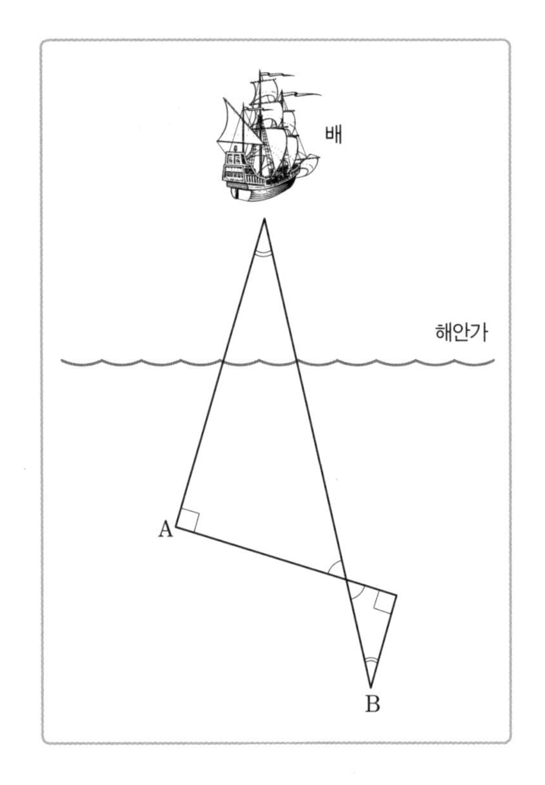

인류 최초로 수학과 과학을 이용하여 성공한 사업가

많은 작가들이 그에 대한 이야기들을 책으로 엮어 탈레스의 위대함을 세상에 알렸지만, 이는 전설을 바탕으로 한 것이어서 일부 내용은 사실이 아닐 수도 있다. 철학자 아리스토텔레스는 세상에 대한 관찰을 통해 탈레스가 어떻게 현명하게 사업적인 거래를 할 수 있었는가를 이야기했다.

당시에 올리브는 그리스에서 매우 중요한 농작물이었다. 그리스인들은 식사를 할 때 올리브를 즐겨 먹는 것은 물론 요리를 할 때에도 압착한 올리브 오일을 사용했다. 뿐만 아니라 램프의 원료나 피부에 바르는 연고 대용으로도 쓰였다. 탈레스는 몇 년 동안 올리브 농사를 짓기에 날씨가 좋지 않다는 것을 알게 되었다. 나쁜 날씨가 오래가지 않을 거라고 생각한 탈레스는 올리브 과수원들을 찾아가 농장 주인에게 올리브 압착기를 팔라고 제안했다. 올리브 농사가 잘 되지 않자 돈이 필요했던 주인들은 흔쾌히 압착기를 팔았다.

그해, 올리브 농사에 적합한 날씨가 이어져 많은 올리브가 수확되었다. 올리브 오일을 짤 때가 되자, 탈레스는 압착기를 팔았던 사람들에게 압착기를 빌려주고 많은 돈을 벌었다. 탈레스는 단순히 문제를 해결하는 사람으로서의 재능뿐만 아니라 성공적인 사업가로서의 재능도 보이면서 농장 주인들에게 상당히 비싼 가격으로 압착기를 되팔았던 것이다.

소금 광산에서 소금 자루를 옮기는 당나귀에 관한 이야기도 있다. 해변과 멀리 떨어진 소금 광산에서는 당나귀의 등에 소금 주머니를 실어 해변까지 소금을 날랐다. 광산에서 해변까지 가는 도중에 당나귀들은 얕은 강을 건너야 했다. 어느 날 강을 건너던 당나귀 한 마리가 넘어져 자루를 떨어뜨렸다. 강물에 떨어진 소금은 대부분이 녹아 당나귀가 일어섰을 때는 소금 자루가 매우 가벼워졌고 당나귀는 남은 길을 편하게 가게 되었다. 그날 이후, 당나귀는 강을 건널 때마다 넘어져 소금의 일부를 강물에 녹인 후 처음보다 가벼워진 소금 자루를 진 채 길을 갔다. 급기야 광산의 책임자는 당나귀를 의사에게 데리고 가 다리를 다쳤는지 봐 달라고 하였지만 특별히 다친 곳은 없었다.

당나귀가 강에서 넘어지는 이유를 알지 못해 당황한 그들은 마침내 탈레스에게 도움을 청하기로 했다. 탈레스는 며칠 동안 당나귀를 관찰한 후, 당나귀가 짐을 가볍게 하기 위해 의도적으로 넘어진다는 것을 알게 되었다. 다음 날 탈레스는 당나귀의 등에 소금 대신 스펀지를 실었다. 당나귀는 여전히 강을 건널 때 넘어졌고, 스펀지는 물을 흡수하여 매우 무거워졌다. 며칠 동안 젖은 스펀지를 나른 당나귀는 그 후 나쁜 습관을 고치게 되었다.

그리스 철학자 플라톤은 탈레스가 별의 관측에 지대한 관심을 가지고 있었음을 알 수 있는 일화를 들려준다. 어느 날 탈레스는 별을 올려

다보면서 걸어가다가 우물에 빠졌다. 한 소녀가 우연히 그곳을 지나다 깊은 우물에 빠져 올라오지 못하고 있는 탈레스를 발견했다. 탈레스는 도움을 청하기 위해 소녀에게 자신이 누구이며 무슨 일이 일어났는지를 설명했다. 그러자 그 소녀는 자신의 발 앞에 무엇이 있는지조차도 모르면서 멀리 떨어진 별에 열중하는 사람이 현명한 사람이냐고 조롱했다. 플라톤은 단순한 일은 못하면서 거대하고 추상적인 사고를 하는 비현실적인 철학자들을 비꼬기 위해 이 이야기를 했다.

우물에 빠진 탈레스의 일화에 대하여 플라톤과 다르게 이야기하는 역사학자들도 있다. 탈레스가 별을 더 좋은 위치에서 관찰하기 위해 직접 우물 안으로 들어갔다는 것이다. 땅 아래 깊은 곳에서 우물의 벽이 우물 안으로 들어온 달과 다른 별들의 빛이 나가는 것을 막아, 관찰하고자 하는 별들을 더 잘 보여 주었다는 것이다. 만약 이 이야기가 맞다면 탈레스는 오히려 현명한 생각을 한 셈이다.

고대 그리스 7현 중 한 사람

탈레스는 기원전 547년 78세의 나이로 세상을 떠났다. 살아 있는 동안 자연철학에 대한 연구를 확립하였으며, 수학 분야에서 대혁명을 일으켰고, 천문학에 큰 기여를 했다. 철학자, 수학자, 천문학자, 천재적인 문제 해결자로서의 그의 명성은 그리스 전역에 걸쳐 퍼졌다. 작가들은 오늘날 '알버트 아인슈타인=천재'라고 인식될 정도로 그를 주인공으로 한 많은 이야기를 만들어냈다. 그리스인들은 뛰어난 문제 해결 능력을 가졌던 탈레스를 고대 그리스 7현 중 한 사람으로 인정하고 기리고 있다.

탈레스가 수학과 과학에 미친 주요 영향은 이론적 기초와 논리적 추론의 필요성을 구축했다는 것이다. 그의 자연철학은 모든 물리적 현상을 자연적으로 설명할 수 있으며, 다양하게 나타나는 각종 현상도 기초적인 원리로 일관되게 설명할 수 있음을 보여주었다. 탈레스는 기하학 정리를 최초로 증명함으로써, 논리적인 체계를 만들고 수학에 증명의 개념을 도입했다. 현대의 과학 이론이나 수학 이론 또한 여기에 바탕을 두고 있다.

피타고라스

수를 사랑한 수학자

사모스의 피타고라스는

수론과 기하학에 대한 수학적 지식을 발견했다.

만물을 설명하는 기본 원리인 수

인간이 언제부터 수의 개념을 알게 되었는지는 정확히 알 수 없다. 아마도 가축의 수를 센다든가 하는 실용적 목적에서 만들어지지 않았을까? 토지 측량, 교역, 천문 관측 등을 할 때에 수가 필요하다는 사실은 설명할 필요도 없다. 이와 같은 실용적 수단으로서의 수를 수학이라는 학문으로 발전시킨 사람은 피타고라스이다. 그는 수를 만물을 설명하는 기본 원리라고 보았다. 즉, 모든 사물에 수학적 구조가 있다고 보고 우주의 원리를 밝히는 일은 이 수학적 구조를 밝히는 것이라 생각했다. 때문에 수數론에 대한 많은 연구를 수행하면서 완전수, 친화수, 홀수, 삼각수 등으로 분류하고 이 수들의 기초적인 성질들을 증명했다. 또한 음악 이론의 기초를 이루는 수의 비율을 발견하는가 하면 이와 같은 비율이 천문학에서도 존재한다고 주장했다. 그는 직각삼각형에 대한 '피타고라스 정리'를 최초로 증명하였으며 그 결과 무리수를 발견하기도 했다. 5가지의 정다면체에 대한 그의 업적은 그리스 문화에서 신비주의와 수학적 이론을 결합한 것으로 인식되어 오고 있다.

돈을 주고 제자를 가르치다

역사학자들의 기록에 따르면 기원전 3~5세기의 수학자들과 철학자들은 20년 이상이나 차이가 날 정도로 피타고라스의 탄생과 죽음 그리고 몇몇 중요한 사건들의 발생 시기에 대하여 서로 다른 기록을 남겼다. 이 자료들에는 피타고라스가 현재 터키 땅인 이오니아의 해변 근처의 사모스 섬에서 기원전 584년과 560년 사이에 태어난 것으로 되어 있다. 피타고라스가 태어나던 당시는 그리스의 황금기였다. 에게 해의 아테네 동쪽으로 150마일 떨어진 곳에 위치한 사모스는 번창한 항구도시이자 학문과 문화의 중심지로 그리스의 식민지였다.

피타고라스의 가족에 대한 자료는 거의 남아 있지 않다. 그의 아버지는 여행을 하는 상인이었으며 어머니는 피타고라스를 비롯하여 세 명의 자식을 낳았다. 어린 피타고라스는 특히 산술과 음악에 뛰어난 재능을 보였으며 평생 동안 그 두 가지를 즐겼다. 그는 수학자 탈레스의 지도 아래 수학과 천문학을 공부하고 20세 때는 이집트와 바빌로니아를 여행하면서 수학, 천문학, 철학을 공부했다.

피타고라스에 대해 전해내려오는 많은 이야기들 중에는 그가 어떻게 교사가 되었는지에 대한 이야기도 포함되어 있다. 경력이 전혀 없을 뿐만 아니라 학자로서 확고한 명성을 얻지 못한 채 사모스로 돌아온 상태에서 교사가 되고자 했던 피타고라스에게 지도를 받으려는 학생은 아무도 없었다. 학생들을 몹시 가르치고 싶었던 그는 어린 소년에게 매일 일당을 주는 조건으로 학생이 되어 줄 것을 부탁했다. 하지만 얼마 후 돈이 떨어진 피타고라스가 그 소년에게 수업을 할 수 없다고 말하자 이번에는 반대로 소년이 피타고라스에게 돈을 주며 계속 가르쳐 달라고 했다.

비밀에 둘러싸인 피타고라스 학파

기원전 529년, 피타고라스는 이탈리아 동남쪽에 위치한 도시 크로

톤에 피타고라스 학파로 알려진 성인들을 위한 학교를 설립했다. 학파의 회원들은 '청강생'과 '수학자'라는 두 그룹으로 나누어졌으며 청강생들은 그의 수업을 들을 수는 있지만 질문은 할 수 없었다. 그들에게 있어 학습 방법은 단지 듣고, 관찰하고, 생각하는 것뿐이었다. 종교와 철학을 공부한 지 5년이 지나면 청강생들은 그 다음 단계인 수학자 그룹에 들어갈 수 있었다. '수학자' 그룹은 질문은 물론 자신의 의사를 표현할 수 있었다. 그들은 천문학, 음악, 수학을 포함한 다양한 분야의 과목을 학습했다. 피타고라스가 산술과 기하를 강조함으로써 나중에 '수학자mathematician'는 수를 연구하는 사람을 의미하게 되었다.

피타고라스 학파가 유명해지면서 피타고라스는 엄격한 행동 규정을 만들어 모두 따르도록 했다. 피타고라스는 사람이 죽으면 다른 동물로 다시 환생한다고 믿었기 때문에, 회원들 역시 철저히 채식을 하고 동물들에게 친절하게 대했으며 모직이나 가죽 옷은 절대 입지 않았다. 또 콩과 수탉을 완전함perfection의 상징으로 여겨 콩을 먹지 않았으며 하얀 수탉을 만지지도 않았다. 그들은 관대함과 평등을 존중하여 재산을 공유하였으며 여성들에게도 학생과 교사로 참석하는 것을 허용했다. 회원들이 발견한 것들은 모두 피타고라스 학파의 이름으로 공개하였으며 활동 상황 및 교수 과정, 발견한 것들에 대해서는 전혀 기록하지 않았다.

세계의 근원을 수라고 본 피타고라스는 모든 것이 수이다를 좌우명으로 삼았다. 그는 각각의 수가 그 자체만의 독특한 특성을 가지고 있다고 가르쳤고 1을 하나의 숫자이자 모든 수의 본질이라고 생각했다. 피타고라스에 따르면 2는 여성과 의견이 다름을 나타내고 3은 남성과 의

견이 일치함을 나타내고, 같은 크기의 4개의 각과 같은 길이의 4개의 변을 가진 정사각형으로 시각화될 수 있는 4는 평등 · 정의 · 공정함을 상징하였으며, 3과 2의 합인 5는 남성과 여성의 결합인 결혼을 의미했다.

피타고라스는 독특한 수학적 특성을 지닌 몇몇 수들에 매료되었으며 그중 7을 마법의 수라 불렀다. 그 이유는 7이 2와 10 사이의 수 중 서로 다른 두 수의 곱으로 표현되지 않으며 나누어지지 않는 유일한 수이기 때문이었다.

7을 제외한 다른 수들은 $2\times5=10$, $3\times3=9$, $8\div4=2$, $6\div2=3$과 같이 나타낼 수 있다. 그는 또한 16이 한 변의 길이가 4인 정사각형의 넓이와 둘레의 길이를 동시에 나타내고 18은 3×6 크기의 직사각형의 넓이와 둘레의 길이를 동시에 나타내는 유일한 수임을 발견했다.

10이 물질세계의 모든 것을 정의하는 1, 2, 3, 4의 합으로 나타내어진다는 사실 때문에 그는 10을 신성한 수라고 생각했다. 실제로 1개의 점은 0차원을 나타내며, 2개의 점은 한 개의 1차원 직선을 결정하고, 3

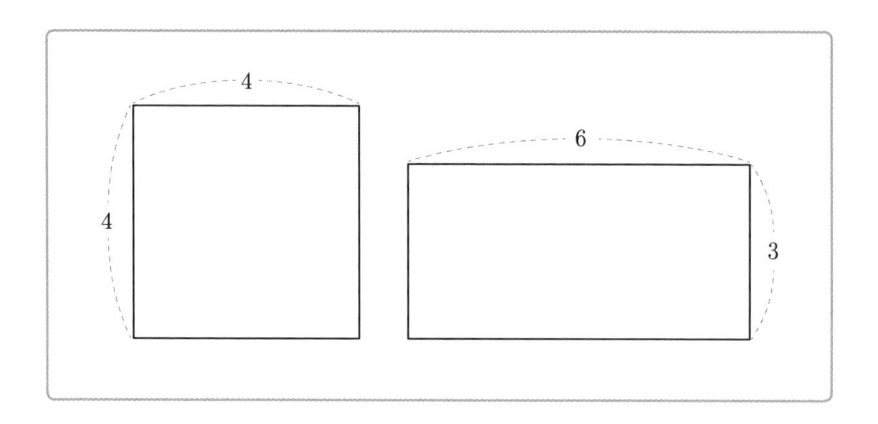

개의 점은 2차원 삼각형을 그리며, 4개의 점으로는 3차원 피라미드를 만들 수 있다.

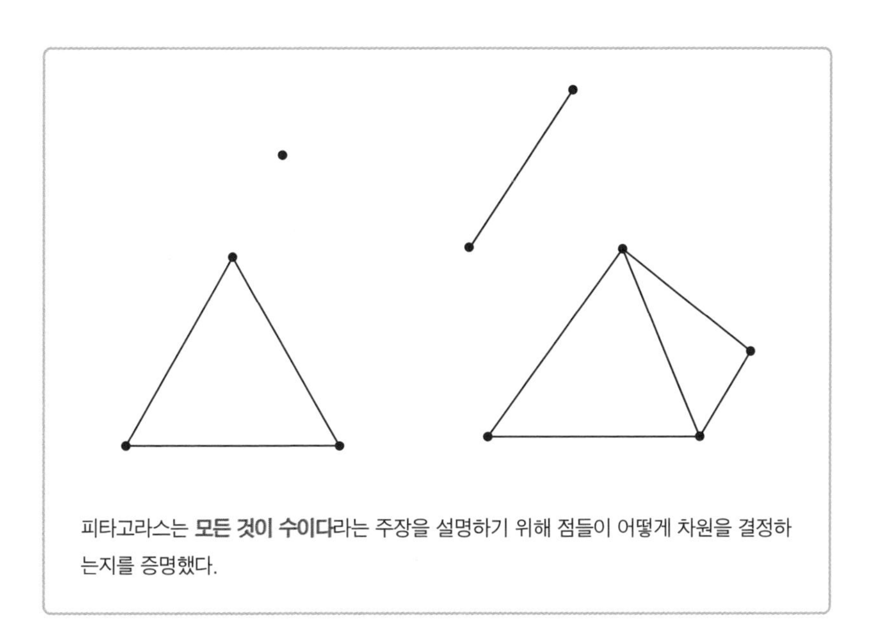

피타고라스는 **모든 것이 수이다**라는 주장을 설명하기 위해 점들이 어떻게 차원을 결정하는지를 증명했다.

도형수, 친화수, 완전수, 초월수, 부족수

수에 대한 피타고라스의 연구는 산술을 포함한 수數론이라는 수학 영역으로 확장되었다. 그는 각 수들이 가지고 있는 특성을 토대로 수를 짝수와 홀수로 분류했다. 즉 모든 수를 10=5+5와 같이 똑같은 두 수로 분할되는 수는 짝수로, 그렇지 않으면 홀수로 분류했다. 짝수도 6=2×3과 같이 홀수의 두 배로 나타낼 수 있는 수, 12=2×2×3과 같이 홀수를 두 배로 한 수를 한 개의 인수로 갖는 수, 또 오직 2만을 인수로 갖는 수로 분류했다.

피타고라스는 수를 별자리와 같은 점의 집합으로 생각하여 수론과 기하학은 서로 밀접한 관련이 있다고 생각했다. 별자리가 그 고유의 수를 갖는 것처럼 모든 것은 수를 갖는다고 생각함으로써 결국 '만물은 수'라고 주장하였던 것이다. 이처럼 피타고라스 학파는 수와 도형 사이의 관계를 매우 중요시했다. 따라서 비슷한 기하학적 모양으로 배열되는 점의 개수들을 세어 여러 가지 도형수圖形數로 분류하는 것에 매우 큰 관심을 가졌다. 3, 6, 10은 삼각형 모양을 이루는 점의 개수이므로 삼각수라 하고, 4, 9, 16은 정사각형 모양으로 배열된 점의 개수이므로 정사각수라 했다. 6, 12, 20과 같은 직사각수는 정사각형 배열에서 한 변의 길이를 다른 변보다 한 줄 더 긴 직사각형 모양으로 재배열한 점들의 개수를 나타낸 것이다. 그는 모든 정사각수를 두 개의 삼각수의 합으로 나타낼 수 있으며, 직사각수는 한 개의 삼각수를 두 번 나타낸 것과 같다는 것을 증명하는 등 이 도형수들 사이의 다양한 관계를 연구하고 증명했다. 또한 5각수, 6각수 등도 연구했다.

피타고라스는 약수들의 합을 이용하여 수를 완전수, 초월수, 부족수로 분류하기도 했다. $6=1+2+3$과 같이 자신을 제외한 약수의 합이 자신과 같은 수를 완전수로 분류하고, 많은 수들을 조사한 결과 6, 28, 496, 8128 등 4개의 완전수를 발견했다. 12의 약수의 합 $1+2+3+4+6$은 12보다 크다. 이와 같은 수는 초월수로 분류하고 대부분의 수가 여기에 해당한다. 반면 15는 자신을 제외한 약수의 합

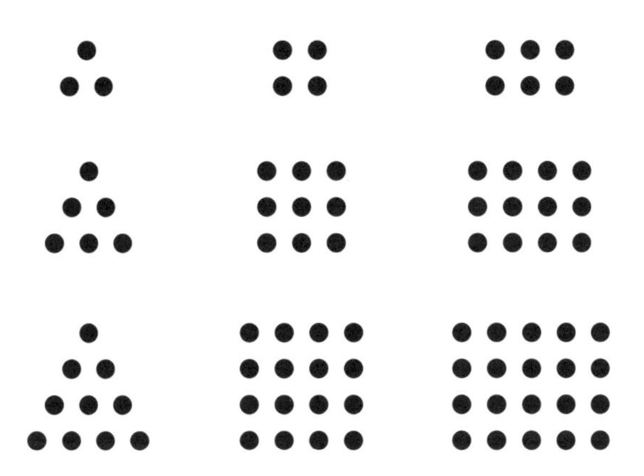

삼각수, 정사각수, 직사각수는 기하학적 모양에 따라 이름이 붙여진 것이다.

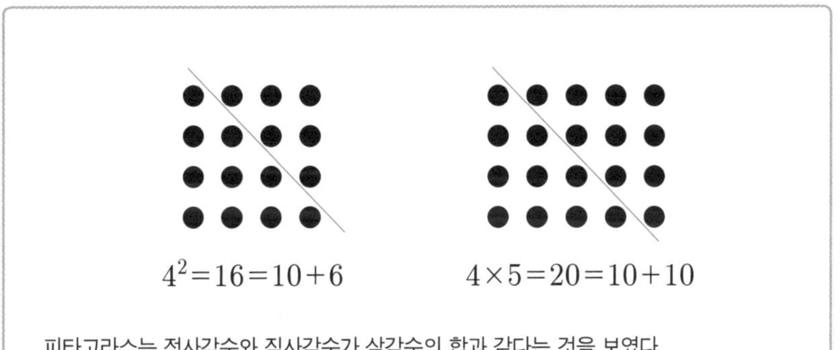

피타고라스는 정사각수와 직사각수가 삼각수의 합과 같다는 것을 보였다.

1+3+5가 15보다 작다. 이와 같이 약수의 개수가 적을 뿐만 아니라 그 합이 자신보다 적은 수를 부족수라 했다. 또 어떤 두 수가 각각 상대방의 약수의 합이 될 때는 두 수를 친구로 보고 친화수라 했다. 예를

들어, 220과 284는 친화수이다. 220의 약수는 1, 2, 4, 5, 10, 11, 20, 22, 44, 55, 110으로 이들을 다 더하면 284가 되고, 284의 약수 1, 2, 4, 71, 142를 더하면 220이 되기 때문이다. 두 수 220과 284는 그가 알아낸 유일한 친화수였다.

220의 약수	284의 약수
1, 2, 4, 5, 10, 11, 20, 22, 44, 55, 110 합=284	1, 2, 4, 71, 142 합=220

220의 인수들을 더하면 284가 되고, 284의 인수들을 더하면 220이 된다.

이와 같이 수의 분류에 대한 피타고라스의 업적은 수론에서 수행된 최초의 체계적인 연구라 할 수 있다. 현대 수론학자들은 이 수들을 응용하여 암호를 해독하고 인터넷상에서 보안을 유지하며 파일을 보낼 수 있도록 하는 등 지금도 피타고라스가 분류한 각 유형의 수들에 대한 연구를 계속 진행하고 있다.

음악과 천문학에서의 비율

피타고라스는 정수와 함께 분수에 대해서도 연구했다. 그는 어떤 측정값이든 정수나 두 정수의 비로 표현할 수 있다고 생각하고, 음악의 조화를 설명하는 데에도 정수의 비ratios를 이용했다.

그는 하프와 같은 현악기인 칠현금의 구조를 연구하면서 현악기의 소리는 악기의 줄의 길이에 따라 좌우되고 조화로운 소리는 그 길이가 정수의 비율이 되는 현들을 뜯을 때 생긴다는 것을 알게 되었다. 예를 들어 C음이 나는 어떤 현에 대하여 현의 길이를 $\frac{1}{2}$로 한 다른 현을 뜯으면 그 음은 한 옥타브 높은 C음이 나오며, 진동하는 현의 길이가 정수의 비율 $\frac{2}{3}$와 $\frac{3}{4}$과 같이 표시될 때에도 조화로운 소리가 난다. 그는 이와 같이 일정 길이의 현을 여러 정수비로 조율해 가며 A-B-C-D-E-F-G의 음계를 만들었다.

피타고라스는 행성, 태양, 달, 별들의 움직임을 관찰한 결과 태양계의 행성 사이의 거리도 음악과 대응 관계에 있으며, 행성이 지구 주위를 돌 때 어떤 종류의 음악을 연주한다는 혁신적인 천문학 이론을 개발했

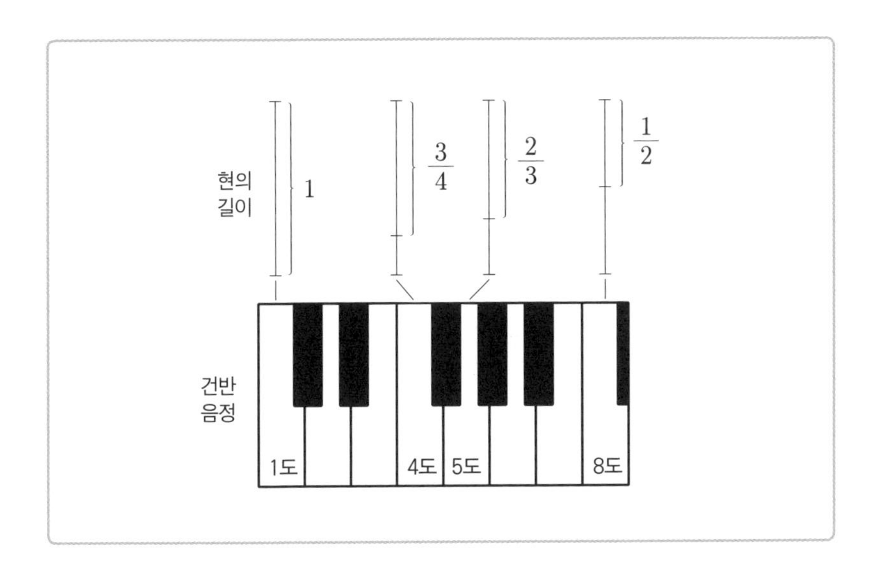

다. 그에 따르면, 우주는 별들이 지구 주위를 도는 구 모양으로 되어 있으며 행성, 태양, 달은 지구 둘레의 원형 궤도를 따라 회전한다. 그는 각 천체가 궤도를 한 바퀴 도는 데 얼마나 걸리는가를 기록하였고 각 궤도의 반지름을 계산한 결과 지구에서 달, 수성, 금성, 태양, 화성, 목성, 토성 등 7개의 각 천체에 이르는 거리는 7개의 음계가 나타내는 비율과 같다는 것을 알게 되었다. 그는 우주를 여러 개의 현을 가진 거대한 현악기로 생각하고 각 음계가 연주하는 '천구天球의 음악'은 천체의 질서와 운동을 나타내고 있다고 생각했다.

당시의 그리스 사람들은 천체의 조화를 주장하는 그의 이론을 별 이의 없이 받아들였지만 많은 시간이 흐른 후 과학자들은 그것이 잘못되었음을 증명했다. 소리로써 우주의 질서와 조화를 증명했다고 생각했던 그 천체의 음악은 실망스럽게도 자기장의 잡음이라는 것이 밝혀졌다. 그러나 천문학에서의 그의 업적 중에 중요한 것이 몇 가지 있다.

피타고라스는 지구가 달과 태양 사이에 위치하여 달의 전부 또는 일부가 지구의 그림자에 가려지는 월식이 진행되는 동안 달에 비친 지구의 그림자를 자세히 관찰했다. 그 결과 그는 지구가 구라는 것을 알아냈다. 또 지구가 회전축을 중심으로 회전하며 샛별과 금성이 같다는 것도 정확하게 알아내고 이론적으로 정리했다.

피타고라스의 정리

피타고라스의 업적 중 가장 중요한 것은 바로 '피타고라스의 정리'이다. 피타고라스는 이집트와 바빌로니아를 여행하는 동안 이전부터 많은 사람들이 알고 있던 삼각형의 성질과 삼각형의 변의 길이가 각각 3, 4, 5인 삼각형은 직각삼각형이라는 것을 알게 되었다. 3, 4, 5를 사용하여 $3^2+4^2=5^2$이나 $9+16=25$와 같은 식을 만들 수 있다. 직각삼각형과 관련된 이 정리는 피타고라스가 처음 발견한 것은 아니다. 이미 이집트에서는 '삼각형의 세 변의 길이가 각각 a, b, c이고 식 $a^2+b^2=c^2$을 만족하면 이 삼각형은 직각삼각형'이라는 사실이 오래전부터 전해져왔고 이것을 직각을 만드는 데 사용했다. 또 그들은 모든 직각삼각형의 각 변의 길이가 이 식을 만족시킨다는 것을 알고 있었으며 논리적으로 증명하지는 못했지만 이를 이용하여 건물을 설계하고 경작지를 나누며 도로 건설 계획을 세웠다. 한편 바빌로니아인들은 임의의 홀수 n에 대하여 길이가 n, $\frac{(n^2-1)}{2}$, $\frac{(n^2+1)}{2}$인 변들로 구성된 삼각형이 직각삼각형임을 발견하고 이 식에 따라 3-4-5, 5-12-13, 7-24-25를 변의 길이로 하는 직각삼각형을 만들었다.

직각삼각형에 관한 이 정리를 '피타고라스의 정리'라고 부르는 이유는 피타고라스가 이 정리를 처음으로 증명했기 때문이다. 3-4-5, 8-15-17, 20-21-29와 같이 식 $a^2+b^2=c^2$을 만족하는 세 수를 '피타고라스 세 수'라 한다. 피타고라스 정리는 수학에서 가장 중요한 성과 중 하나로 대수학에서 두 점 사이의 거리를 계산할 때 활용하며, 해석기하학에서 원, 타원, 포물선의 방정식을 세울 때, 삼각법에서 사인과 코사인의 기본 성질을 설명할 때 등 다양한 분야에서 활용되고 있다. 다음은 수학에서 자주 볼 수 있는 그림 중 하나로 피타고라스가 이 정리를 증명할 때 사용한 그림이다.

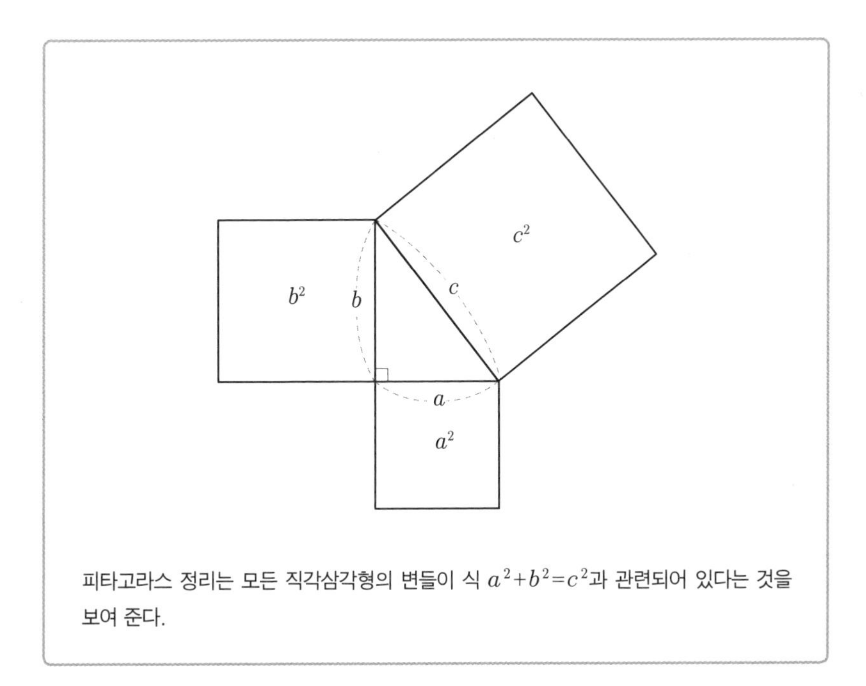

피타고라스 정리는 모든 직각삼각형의 변들이 식 $a^2+b^2=c^2$과 관련되어 있다는 것을 보여 준다.

피타고라스 학파를 당황시킨 무리수

이 정리를 통해 피타고라스는 정수나 정수의 비율로 표현할 수 없는 수들이 있다는 것을 알고 큰 고민에 빠졌다. 당시 그리스인들이 알고 있는 수는 유리수뿐이었기 때문이다. 피타고라스는 대각선이 정사각형을 두 개의 직각삼각형으로 나눈다는 점에 주목했다. 정사각형의 변의 길이가 1이고 대각선의 길이를 x라 할 때 두 직각삼각형의 각 변의 길이는 식 $1^2+1^2=x^2$, 즉 $2=x^2$을 만족시킨다.

이 대각선의 길이 x의 값을 구하기 위하여 피타고라스는 다음 표의 각 행에 제시된 두 수의 비율을 각각 계산했다. 각 행의 숫자는 첫 번째 행에 각각 1을 놓고, 두 번째 행의 A에는 바로 전 행의 두 수를 더한 값을 배치하고, B는 A의 값에 바로 전 행의 A의 값을 더한 값으로 배치했다.

피타고라스는 각 행의 두 수의 비율 $\frac{1}{1}$, $\frac{3}{2}$, $\frac{7}{5}$, $\frac{17}{12}$, $\cdots$로 대각선의 길이를 대략 구할 수만 있을 뿐 이 과정을 계속 반복하더라도 결코 실제의 길이와 같은 값을 구할 수는 없다는 것을 알게 되었다. 이것

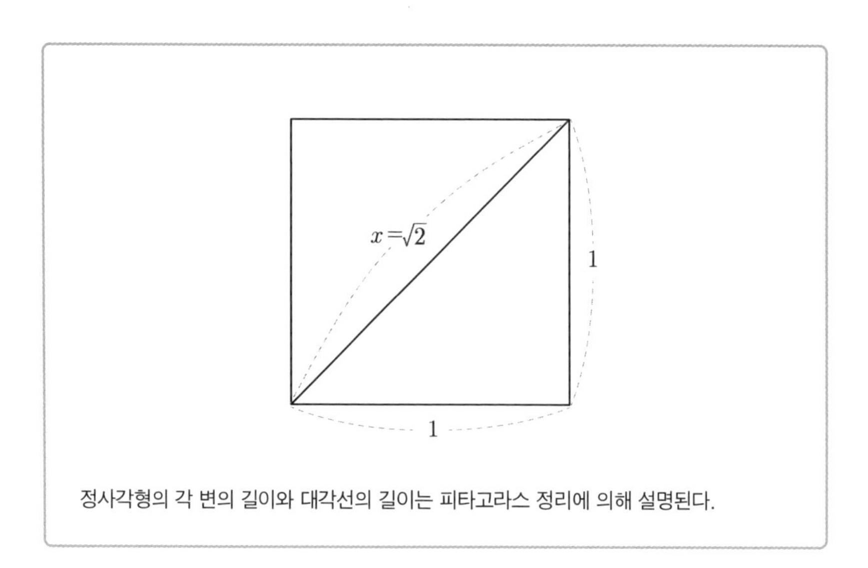

정사각형의 각 변의 길이와 대각선의 길이는 피타고라스 정리에 의해 설명된다.

A	B	B/A	B/A의 값
1	1	1/1	1.00000
2	3	3/2	1.50000
5	7	7/5	1.40000
12	17	17/12	1.41667
29	41	41/29	1.41379
70	99	99/70	1.41429
169	239	239/169	1.41420

은 결국 $x=\sqrt{2}$를 어떤 분수로도 나타낼 수 없다는 것을 의미한다. 또 다른 모양의 직각삼각형의 대각선의 길이를 계산한 결과, 피타고라스와 그 제자들은 $\sqrt{3}$, $\sqrt{5}$, $\sqrt{6}$ 등의 수들 역시 분수로 표현할 수 없다는 것을 알게 되었다.

무리수의 발견은 세상의 모든 것이 정수와 분수에 의해 표현될 수 있다는 피타고라스의 신념을 부정하는 것이었다. 그래서 그는 학파의 회원들에게 학교 밖 어느 누구에게도 이 비밀을 누설하지 않을 것을 맹세하게 했다. 전해지는 이야기에 따르면, 히파수스라는 제자가 피타고라스 학파의 맹세를 깨고 정수의 비로 표현할 수 없는 수가 있다는 것을 발설하고 말았다. 피타고라스 학파의 사람들은 엄격한 규율을 무시하고 학파의 명예를 더럽힌 히파수스를 용서할 수 없어 히파수스를 살해하고 바다에 던졌다. 그러나 얼마 후 피타고라스 학파는 무리수의 존재를 어쩔 수 없이 받아들였으며 자신들의 연구에 포함시켰다.

무리수는 피타고라스 학파의 상징인 오각별 모양에서도 찾아볼 수 있다. 회원들은 옷에 이 문양을 꿰매어 붙이고 다니거나 서로를 알아보기 위해 손바닥에 그리고 다녔다. 아래 그림에서 오각별의 서로 다른 두 선분은 한 점에서 만나며, 이 교점은 한 선분을 서로 다른 두 개의 선분으로 나눈다. 이때 두 개로 나뉜 선분의 전체 길이와 긴 선분의 비는 긴 선분과 짧은 선분의 비와 같다. 즉 점 B는 선분 AC를 식 $\frac{\overline{AC}}{\overline{AB}} = \frac{\overline{AB}}{\overline{BC}}$를 만족하도록 분할한다. 이렇게 선분을 나누는 것이 바로 그 유명한 '황금분할' 방법이다. 실제로 이 선분의 비는 황금비인 $\frac{1+\sqrt{5}}{2}$로 대략 1.618과 같다. 피타고라스와 그리스 조각가 및 건축가들은 이 비를 모든 비율 중 가장 아름다운 것이라 생각하고 많은 조각

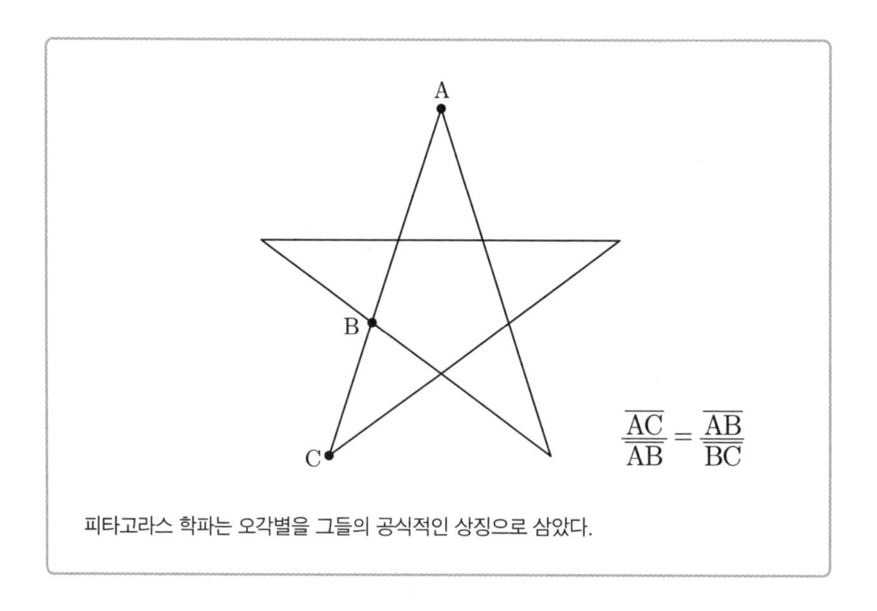

피타고라스 학파는 오각별을 그들의 공식적인 상징으로 삼았다.

작품들과 건물을 지을 때 이용하였으며 유명한 건물 아테네의 판테온을 지을 때에도 사용되었다.

5가지 정다면체

이 정다면체에 대한 피타고라스의 업적은 기하학을 발전시키는 데 중요한 역할을 했다. 정삼각형, 정사각형, 정오각형과 같은 정다각형은 변의 길이가 모두 같은 2차원 도형이지만 정다면체는 면이 모두 합동인 정다각형으로 이루어진 3차원 도형이다. 피타고라스가 살았던 당시에 수학자들은 3개의 정다면체만을 알고 있었다고 한다. 모든 면이 정삼각형으로 구성된 정사면체와 정사각형으로 이루어진 정육면체, 정오각형으로 이루어진 정십이면체가 그것이다. 피타고라스는 나머지 2개의 정다면체를 만드는 방법을 발견했다. 그는 8개의 정삼각형과 20개의 정삼각형을 각각 붙이면 서로 다른 도형이 만들어진다는 것을 증명하고 이것을 각각 정팔면체와 정이십면체라 불렀다. 그는 이 두 개의 정다면체를 발견한 뒤 이 외에 또 다른 정다면체가 존재하지 않는다는 것도 증명했다.

이들 정다면체에 대한 이론은 피타고라스가 정립했지만 각 정다면체의 이름은 150년 후 그리스 철학자 플라톤이 쓴《티마이오스*Timaeus*》에서 붙여졌다. 여기에서 플라톤은 우주와 우주를 구성하는 네 가지 요소(불, 지구, 공기, 물)를 정다면체에 비유하여 설명했다. 플라톤은 가장 가볍고 날카로운 원소인 불은 정사면체, 가장 안정된 원소인 흙은 정육면

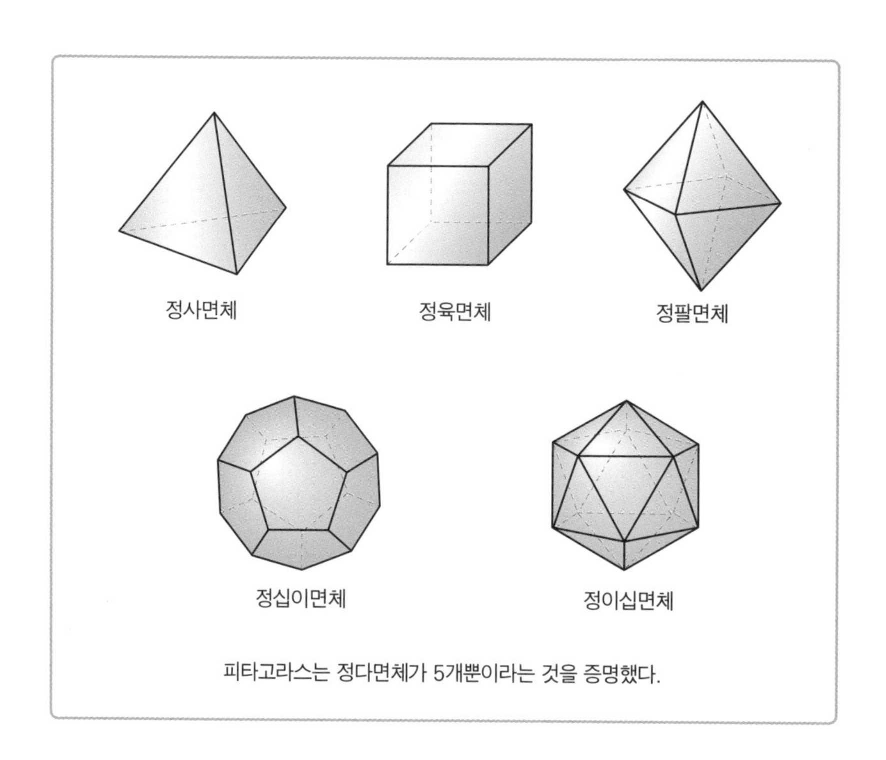

피타고라스는 정다면체가 5개뿐이라는 것을 증명했다.

체, 가장 활동적이고 유동적인 원소인 물은 가장 쉽게 구를 수 있는 정이십면체, 공기는 정팔면체, 그리고 우주 전체의 형태는 정십이면체가 나타낸다고 주장했다. 이러한 이유로 정다면체를 '플라톤의 입체'라고

도 한다.

기원전 500년경 화가 난 군중들에 의해 피타고라스 학교가 불태워졌다. 전해지는 이야기에 따르면 피타고라스는 당시 불에 타 죽었다고 한다. 또는 불을 피하기는 했지만 군중에 쫓겨 콩밭 근처까지 가게 된 피타고라스가 콩을 신성하게 여겼기 때문에 콩을 밟지 못했고 결국 성난 군중에게 붙잡혀 죽었다고 한다. 그가 불을 피해 메타폰툼Metapontum으로 도망간 다음 그곳 근처에서 살다가 기원전 480년에 죽었다는 설도 있다.

피타고라스가 사망한 뒤 그의 제자들은 여러 도시에서 새로운 학교를 설립하고 2세기에 걸쳐 그의 전통을 이어갔다.

현대 수학자들과 과학자들에게 연구 주제를 제공한 고대 수학자

지도자인 피타고라스가 죽은 후에도 회원들은 계속 연구를 수행하면서 많은 수학 지식을 발견했다. 그들은 연립방정식의 해법을 개발하고 소수의 많은 성질을 발견하는 등 수론에서 피타고라스의 연구를 계속 진행했다. 또 황금비의 개념을 확장하여 비율 이론을 확립시키고 기하학에서 다각형의 외각의 합과 임의의 다각형의 내각의 합을 어떻게 계산하는지를 알아내었으며 포물선, 타원, 쌍곡선이라는 단어를 사용했다.

피타고라스가 죽은 지 24세기가 지난 후 미국의 수학과 교수들이 모여 구성한 미국수학협회는 20면체를 공식 상징으로 삼았다. 이 협회에서는 그들이 사용하는 모든 사무용 물품에 20면체 그림을 새겨 넣었으며 협회 이름으로 발행하는 모든 수학 잡지의 표지에도 그려 넣었다. 수론 연구자들은 홀수와 짝수, 삼각수, 정사각수, 직사각수, 완전수, 초월수, 부족수, 친화수, 소수와 관련하여 피타고라스가 도입한 많은 개념들을 지금도 계속 연구하고 있다. 피타고라스 정리, 무리수, 플라톤 입체들은 현대 수학자들과 과학자들이 그들의 연구에서 계속 사용하고 있는 중요한 도구이다.

유클리드

최초의 수학 교과서의 저자

"기하학에는 왕도가 없다."

- 유클리드

수학을 체계화한 기하학자

성경만큼이나 유명한 수학 교과서 《원론*Elements*》의 저자 유클리드는 당시의 많은 자료를 모아 기하학의 체계를 세웠으며 이후 2000년에 걸쳐 기하학 연구에 큰 영향을 미쳤다. 주로 기하학과 수론을 다루고 있는 이 책은 기초적인 원리를 토대로 하여 논리적으로 수학 이론을 어떻게 개발하는지를 보여 주는 모델이 되어 왔다. 이 책에서 그는 소수가 무한히 많이 존재한다는 것을 증명하고 두 수의 최대공약수를 찾는 알고리즘을 만들어 사용했다.

그동안 유클리드가 제기한 평행선 공준을 증명하기 위해 많은 수학자들의 시도가 있었으며 이러한 노력은 19세기 비유클리드 기하를 탄생시키는 계기가 되었다. 《원론》을 비롯한 그의 저서들은 수 세기 동안 사람들이 그를 단순히 '기하학자'라고 부를 정도로 대부분 기하학적 내용으로 구성되어 있다.

수학 교수가 되다

유클리드는 그리스에게 태어나고 자란 그리스인이지만 그의 생애에 대한 자세한 설명은 후세 아라비아 학자들이 쓴 글에 더 잘 나타나 있다. 이들 자료에 따르면, 기원전 325년경 지중해 동쪽 끝에 있는 큰 도시인 티레(현재 레바논 땅)에서 태어난 유클리드는 다마스쿠스 시(현재 시리아 땅)에서 잠시 지내다가 그리스의 수도인 아테네로 이주했다.

유클리드는 그리스 철학자 플라톤이 기원전 387년에 세운 유럽 최초의 대학교에 입학했다. 그 학교는 아테네 외곽의 아카데미에 위치하고 있어 사람들은 이 학교를 플라톤의 아카데미아라고 불렀다. 900년 동안 주위 여러 나라와 그리스 방방곡곡에서 사람들은 과학, 수학, 철학을 배우기 위하여 플라톤의 아카데미아로 모여들었다. 전해지는 이야기에 따르면 수학자의 연구에 높은 가치를 부여했던 플라톤은 학교 현관에 "수학을 모르는 자는 이곳에 들어오지 말라"라고 써 붙였다고 한다. 아카데미아의 모든 학생들은 고등수학을 배웠으며, 그 시대의 숙달된 수학자들도 대부분 그곳에서 학문을 연구했다.

기원전 300년경, 유클리드는 이집트의 알렉산드리아로 이주하여 남은 생애를 보냈다. 거기에서 사는 동안 그는 많은 업적을 남겨 명성을 얻었으며 '알렉산드리아의 유클리드'로 알려졌다. 알렉산더 대왕은 이집트를 정복한 후 기원전 332년 알렉산드리아를 설립했다. 나일 강 입구에 있는 이 큰 도시는 지중해의 지식과 상업의 중심지였으며 문화와 다양성을 추구했다. 알렉산더 대왕과 후계자인 톨레미는 그곳에 큰 도서관을 세우고 많은 책을 수집했다. 또한 학자들이 알렉산드리아에 올 때마다 그들의 책을 빌려 많은 수의 필경사筆耕士들이 양피지나 파피루스에 복사하게 해 도서관은 마침내 5천만 권 이상의 장서를 보유하게 되었다.

뒤이어 톨레미는 알렉산드리아에 연구와 학문 활동을 위한 연구 기관인 '무제이온Mouseion'을 세웠다. 무제이온은 '예술의 신 뮤즈를 위한 성스러운 곳'이라는 뜻으로 오늘날 박물관을 뜻하는 영어의 'Museum'과 같은 말이다. 무제이온은 플라톤의 아카데미아보다 훨씬 규모가 컸다. 톨레미는 그곳에서 사람들이 서로 토론하고, 배우고, 가르치고 새로운 지식을 발견할 수 있도록 당대 여러 나라의 유명한 학자들에게 연구비를 지원하며 초청했다. 유클리드는 무제이온에서 친절하고 부지런한 교사로 가장 먼저 이름을 알렸다. 또한 그는 많은 수학자들을 모아 연구를 수행하고 새로운 수학 지식을 발견했다. 600년 동안 여러 세대에

걸쳐 학자들은 알렉산드리아 무제이온에서 연구하며 전통을 이어갔다.

유클리드의 대작《원론》

유클리드의 가장 위대한 업적은 당시에 알려진 모든 기초 수학을 체계화하고 설명한 교과서《원론》을 펴냈다는 것이다.《원론》은 총 13권으로 이루어져 있으며 처음 여섯 권은 평면기하, 다음 네 권은 수의 성질, 마지막 세 권은 입체도형에 대한 내용을 담고 있다.

각 권에는 명제와 문제들이 진술되어 있으며, 책 전체에는 465개의

Preclarissimus liber elementorum Euclidis perspi-
cacissimi: in artem Geometrie incipit quãfoelicissime:

Punctus est cuius ps nõ est. Linea est
lõgitudo sine latitudine cui⁹ quidẽ ex-
tremitates sũt duo pũcta. Linea recta
ẽ ab vno pũcto ad aliũ breuissima extẽ-
sio i extremitates suas vtrũq3 eorũ reci
piens. Supficies ẽ q̃ lõgitudinẽ & lati
tudinẽ tñ h3: cui⁹ termi quidẽ sũt linee.
Supficies plana ẽ ab vna linea ad a-

De principijs p se notis: & pmo de diffini
tionibus earundem.

Linea

Punctus

유클리드는 저서《원론》에서 논리적으로 기본적인 용어, 공준, 공리로부터 기하와 수론에 대한 여러 정리들을 만들어냈다.

명제가 수록되어 있다. 각 명제는 제시된 여러 개의 가정에서 유도될 수 있는 결론이 무엇인지를 비롯하여 수학의 여러 규칙들을 제시하고 있다. 이 명제들은 참이 되는 이유를 설명하는 증명의 논리적 근거에 의해 만들어진 것이며, 이에 따른 예제들은 특정 상황에서 그 명제들이 어떻게 이용되는지를 설명하고 있다.

《원론》은 당시에 많이 알려져 있던 초등수학을 체계적으로 정리한 것으로 23개의 정의와 5개의 공준, 5개의 공리를 바탕으로 하여 내용을 전개하고 있다. 정의는 '점', '선', '원' 등의 수학적 의미를 규정한 것을 말하며, 공준 postulates은 '두 점을 지나는 직선은 한 개뿐이다'와 같은 기하에 대한 기본 개념들이다. 공리 axioms는 '같은 것과 서로 같은 것은 같다'와 같이 전체 수학에서 기본이 되는 내용들이다. 유클리드는 이 공준과 공리들을 나타내어 명제를 분명하고 정확하게 증명했다. 유클리드의 《원론》은 기하학만을 다룬 것이라고 잘못 알려져 있는데, 수론과 대수학에 대한 내용도 들어 있다. 그 내용을 요약하면 다음과 같다.

《원론》의 처음 여섯 권은 평면기하학을 다루고 있다.

제1권은 삼각형의 합동, 자와 컴퍼스를 사용한 간단한 작도, 직각삼각형의 각 변의 길이와 관련된 피타고라스 정리의 증명과 같은 정리들이 포함되어 있다.

제2권은 분배법칙 $a(b+c+d)=ab+ac+ad$와 제곱과 관련된 공식 $(a+b)^2=a^2+2ab+b^2$, $a^2-b^2=(a+b)(a-b)$을 기하학적으로 나타내었다.

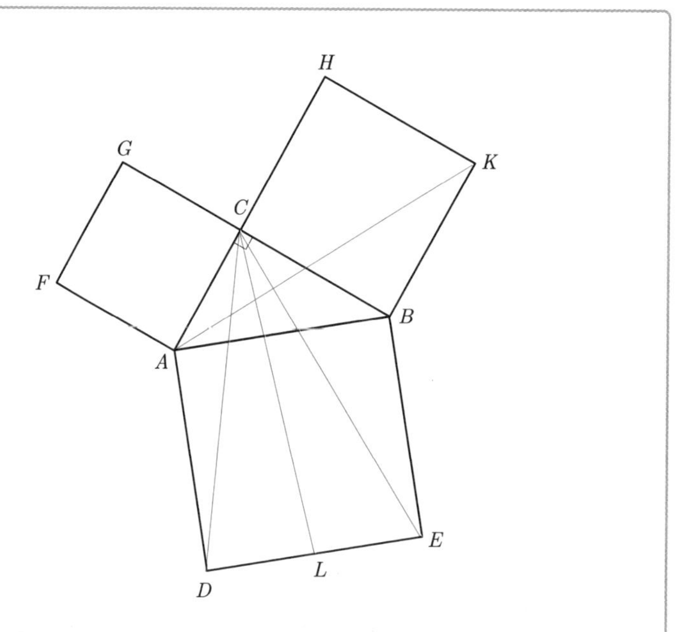

유클리드는《원론》제1권에서 피타고라스의 정리를 증명하기 위해 '신부의 의자'로 알려져 있는 유명한 그림을 사용했다.

제3권과 제4권은 원의 기하학을 주 내용으로 하고 있으며 접선과 할선에 대한 내용 및 내접 또는 외접다각형의 작도에 관한 명제를 다루고 있다.

제5권은 전13권 가운데 가장 놀라운 단원으로 25개의 명제로 이루어져 있으며 비례에 관한 일반 정리를 다루고 있다.

제6권은 닮은 삼각형이나 평행사변형, 다른 다각형 사이의 비와 비례에 관한 정리 등 평면기하에서 비례가 응용되는 경우에 대한 내용으로 구성되어 있다.

제7~10권은 수론의 내용을 다루고 있다.

제7권은 비율과 약수에 관하여 설명하고 있으며, 각각의 수를 선분으로 나타내었다. 또 오늘날 두 수의 최대공약수를 찾을 때 이용하는 계산법인 유클리드 호제법을 소개하고 있으며 여러 수의 최소공배수를 구하는 방법도 다루고 있다.

제8권은 어떤 수에 차례로 일정한 수를 곱해서 만드는 수열인 등비수열 및 10=5 · 2와 같이 두 약수를 갖는 평면수, 42=2 · 3 · 7과 같이 세 개의 약수를 갖는 입체수에 관한 내용을 다루고 있다.

제9권에서는 홀수와 짝수, 소수에 관한 명제들이 제시되어 있으며 6=1+2+3과 같이 자신을 제외한 약수들의 합이 그 수 자신이 되는 수인 완전수에 대해서도 다루고 있다.

제10권은 다른 어느 책보다 그 내용이 많은 115개의 명제가 들어 있다. 어떤 선분에 대하여 같은 표준으로 그 길이를 잴 수 없어 약분이 불가능한 선분에 해당하는 양, 즉 오늘날의 무리수에 대하여 대부분의 내용을 할애하고 있다.

《원론》의 마지막 세 권은 입체기하학에 관한 내용을 다루고 있다.

제11권은 3차원 기하학에 대한 39개의 명제를 다루고 있으며, 정사면체를 포함하지 않은 정다면체 4개의 정의도 들어 있다.

제12권에서 다루는 명제는 모두 도형의 측정에 관한 것으로 사각뿔,

원뿔, 원기둥, 구의 부피를 계산하는 방법을 다루고 있다.

제13권은 5개의 정다면체의 성질을 다루고 있다.

유클리드의 원론 이전의 원론들

《원론》에 수록된 자료 중 유클리드가 새롭게 발견한 것은 거의 없다. 일종의 수학 교과서였던 유클리드의 《원론》에 앞서 기원전 4~5세기의 키오스의 히포크라테스를 포함하여 레온, 테우디우스 등이 쓴 세 권 이상의 교과서가 있었다. 유클리드는 이들 교과서를 참고로 하여 《원론》을 편집했다. 각, 삼각형, 원에 대해서는 탈레스가 증명한 정리들을 인용하였으며 비례에 대한 자료들은 에우독소스의 자료들에서 따 왔다.

수학자들은 유클리드가 《원론》에서 다룬 명제 중 적어도 2개의 명제는 유클리드가 실제로 발견한 것이라 여기고 있다. 그중 하나는 제7권의 첫 번째 명제에서 제시되었다. 그것은 오늘날의 유클리드 호제법으로, 나머지를 남기지 않으면서 두 수를 나누는 가장 큰 수인 두 수의 최대공약수를 찾을 때 이용된다. 이 방법을 사용하여 240과 55의 최대공약수를 구해 보면 다음과 같다.

240÷55의 나머지는 20이다.

55÷20의 나머지는 15이다.

20÷15의 나머지는 5이다.

15÷5의 나머지는 없다.

따라서 240과 55의 최대공약수는 5이다. 이 계산 방법은 수론에서 가장 오랫동안 알려진 것 중 하나로 오늘날의 교과서에서도 여전히 중요한 계산법으로 다루어지고 있다.

제9권의 명제 20에서 유클리드는 '소수의 개수는 무한하다'는 사실을 창의적으로 증명했다. 유클리드가 사용한 방법은 어떤 명제가 참임을 직접 증명하는 대신, 그 명제의 결론을 부정했다고 가정한 결과 모순이 나타남을 보임으로써 원래의 명제가 참임을 증명하는 간접적인 방법이었다.

이 증명법에 따라 '소수의 개수는 무한하다'는 사실을 증명해 보자.

먼저 소수의 개수가 유한하다고 가정하자. 유한한 n개의 소수를 p_1, p_2, p_3, …, p_n이라 할 때 이 소수들의 곱에 1을 더한 것은 새로운 소수이거나 몇몇 새로운 소수에 의해 나누어지는 하나의 수가 된다. 이 두 가지 경우는 소수의 개수가 유한하다는 가정에 모순되기 때문에, 결국 소수가 무한히 많다는 결론을 내릴 수 있다.

그 후 여러 명의 수학자들이《원론》과 비슷한 책을 썼지만 어떤 것도《원론》만큼의 영향력을 발휘하지는 못했다. 그의 책은 수학적 추론과 설명에 대한 표준이 되었으며, 몇몇 수학 저자들은 자신들의 책에 유클리드의 논리적 증명법을 수록하기도 했다. 또 15세기에 인쇄술이 발명되었을 때 처음으로 출간된 수학 책이《원론》이었으며 과거 2300년 동안 1,000번 이상 수십 개의 언어로 출간되었다. 오늘날까지 성서를 제외하고 이렇게 많이 출판된 책은 없었다.

기하학에는 왕도가 없다

유클리드는 건설 · 설계 · 사업 운영 등과 같은 실용적인 문제를 해결하는 데 수학이 유용하다는 것을 이해하고는 있었지만 수학의 실제적 가치는 사고력 계발에 있다고 생각했다. 수학을 공부하게 되면 사고력 훈련과 논리적 근거를 세울 줄 알게 되며 추상적인 개념을 이해할 수 있게 된다고 생각한 것이다. 수학은 인간의 정신 외부에 있는 진리를 추구하며 감정에 의해 영향을 받지 않는다는 것이 특징이다. 유클리드는 이러한 점 때문에 수학을 철저히 연구하는 모든 현명한 사람들이 이익을 볼 것이라고 생각했다.

그러나 유클리드는 자신이 믿고 있는 수학의 가치와 아름다움을 학생들에게 강조하지는 않았다. 전해지는 이야기에 따르면, 유클리드의 제자가 수학을 배워서 무엇을 얻을 수 있는지 질문했다고 한다. 그러자

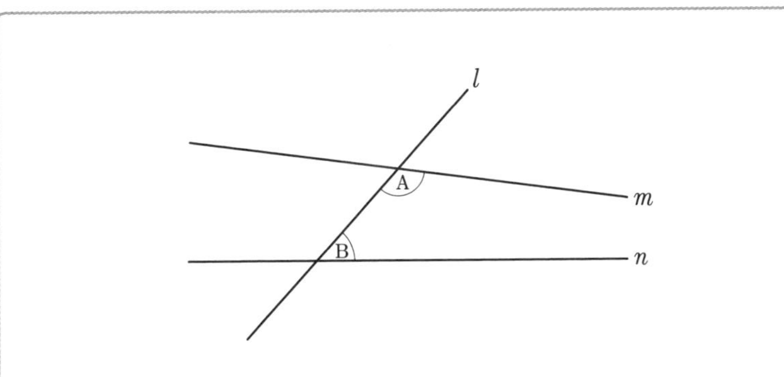

논의의 여지가 있는 유클리드의 다섯 번째 공준은 두 각 A와 B의 합이 180°보다 작으면 직선 m과 n은 반드시 만난다는 것을 보여 주고 있다.

유클리드는 하인을 불러 제자에게 그가 공부한 대가로 동전 한 닢을 주라고 말했다고 한다. 또 다른 이야기로는 톨레미 황제가 유클리드의 기하학 강의를 들으러 왔다가 유클리드의 철저하고 엄격한 강의에 풀이 죽었다고 한다. 자신만의 의류, 가구, 전차, 심지어 왕실만이 사용하는 도로에 익숙해져 있었던 톨레미는 기하학을 쉽게 공부하는 방법이 있는지를 물었다. 이에 유클리드는 "기하학에는 왕도가 없습니다"라고 대답했다고 한다.

몇몇 수학자들은 유클리드가 《원론》에 "삼각형의 임의의 두 변의 길이의 합이 다른 세 번째 변의 길이보다 더 길다"처럼 분명하게 참이고 쉬운 증명을 수록한 점을 비판하기도 했다.

평행선 공준

《원론》의 처음 4개의 공준은 단순하지만 다섯 번째 공준은 상당히 복잡하다. 서로 만나는 세 직선에 의해 만들어진 각에 대하여 설명하고 있는 이 다섯 번째 공준은 한 점과 한 직선이 주어져 있을 때 다른 직선

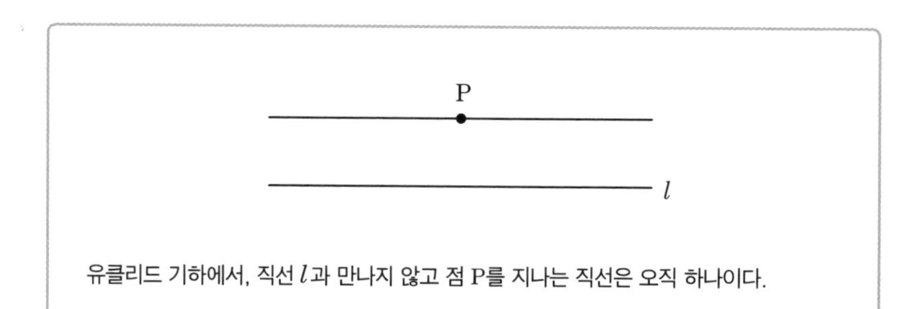

유클리드 기하에서, 직선 l과 만나지 않고 점 P를 지나는 직선은 오직 하나이다.

과 만나지 않으면서 그 점을 지나도록 그려지는 직선이 오직 하나 있다는 것을 의미하기도 한다. 이때 만나지 않는 두 직선은 서로 평행하다.

수 세기 동안 수학자들은 유클리드의 다른 공준을 이용해 평행선 공준을 증명할 수 있을 것이라 믿어왔는데 그렇게 된다면 이것은 공준이 아니라 정리가 되는 것이었다. 때문에 수학자들은 평행선 공준이 다른 공준의 논리적 추론의 결과임을 밝혀보고자 다양한 시도를 했다. 하지만 결국 19세기에 여러 명의 젊은 수학자들이 평행선 공준이 다른 여러 공준들로부터 증명될 수 없음을 증명했다. 그중 수학자 사케리Sacheri는 사실상 증명이 불가능한 것을 증명하려고 노력하면서 비유클리드 기하학의 성질들을 발견했다. 결국 그는 유클리드 기하학의 절대 권위를 상징하는 평행선 공준을 부정해, 평행선이 없다는 개념의 기하학과 평행선이 무한히 많다는 개념의 기하학을 탄생시켰는데 이를 비非유클리드 기하학이라 한다.

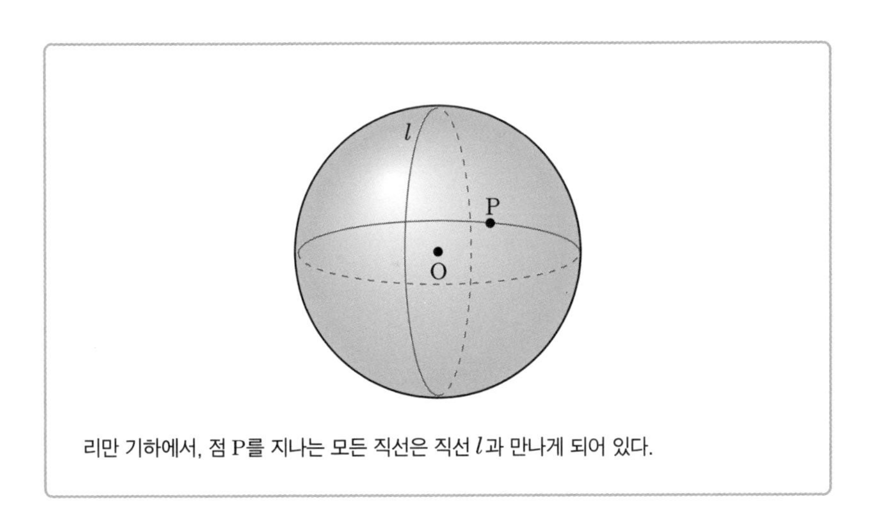

리만 기하에서, 점 P를 지나는 모든 직선은 직선 l과 만나게 되어 있다.

1854년, 독일 수학자 게오르그 리만은 구면 기하에 대한 이론을 발전시켰다. 이 기하에서, 그는 구의 마주보는 양 끝에 있는 두 점을 지나는 '대원'이라는 선을 정의했다. 지구본에서 북극과 남극을 지나는 경도선들은 대원의 예들이다. 이 기하에서는 평행한 직선들이 존재하지 않고 모든 두 직선은 반드시 두 점에서 만난다. 결국 임의의 삼각형에서 세 내각의 합은 유클리드 기하에서의 180°가 아니라 180°보다 크다.

1826년, 러시아 수학자 리콜라스 로바체브스키는 두 개의 트럼펫을 서로 붙여 놓은 모양의 의사구pseudosphere에 대한 또 다른 비유클리드 기하를 발견했다. 이 기하 체계에서는 주어진 직선과 만나지 않으면서 주어진 점을 지나는 무한히 많은 직선들이 있다. 따라서 모든 삼각형에서 세 각의 크기의 합이 180°보다 작다. 1823년 헝가리 출신 요하네스 보요이와 1824년 독일 출신 칼 프리드리히 가우스는 또한 세 각의 크기의 합이 180°보다 작은 삼각형과 무한히 많은 평행선들이 있

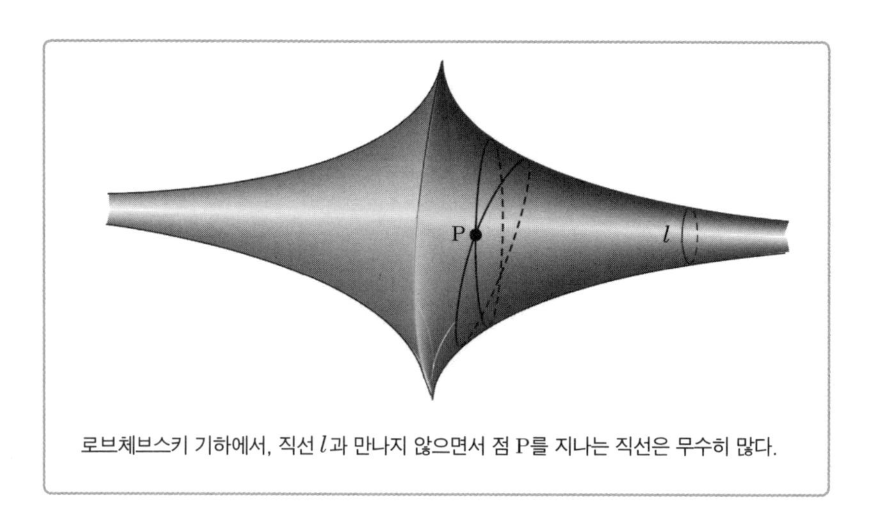

로브체브스키 기하에서, 직선 l과 만나지 않으면서 점 P를 지나는 직선은 무수히 많다.

는 하이퍼볼릭hyperbolic 기하(쌍곡선형 기하)가 있음을 발견했다.

수학 협회는 이들 비유클리드 기하의 발견에 대하여 초기에는 부정적으로 반응하였으며 이를 발견한 수학자들을 비판했다. 하지만 결국 비유클리드 체계가 틀리지 않았으며 물리학을 비롯한 다른 과학에서 실제적으로 응용이 된다는 것을 깨달았다.

유클리드의 또 다른 저서들

유클리드는 《원론》 외에 수학과 과학의 여러 주제에 대하여 15권의 책을 썼다. 평면기하학의 교과서라 할 수 있는 책 《자료론*Data*》은 비율, 삼각형, 원, 평행사변형 및 다른 도형에 관한 내용들로 구성되어 있다. 《원론》의 자매 편인 이 책은 95가지의 다양한 상황에서 여러 도형의 주어진 길이, 넓이 또는 비율로부터 유도될 수 있는 내용들이 담겨 있다. 그는 《도형의 분할에 대하여》라는 책에서는 원, 사각형, 삼각형을 특별한 크기와 모양을 갖는 보다 작은 조각으로 어떻게 분할하는지에 대하여 다루었다. 이 책에는 36개의 명제가 실려 있으며, 삼각형을 같은 넓이를 갖는 하나의 사다리꼴과 삼각형으로 어떻게 그리는지, 원을 원하는 만큼 잘라 두 개의 평행선을 어떻게 그리는지, 하나의 정사각형을 제거한 직사각형과 넓이가 같은 직사각형을 어떻게 그리는지를 보였다. 이들 유형의 기하학적 퍼즐을 해결하는 과정은 평면기하의 원리들에 대한 보다 깊은 이해가 필요하다.

유클리드의 두 권의 물리학 교과서는 광학과 천문학의 과학적 이론에 대하여 수학적 원리를 제공했다.《광학》에서는 다른 크기의 물체들을 어떤 특정한 각도에서 볼 때 크기가 같아 보이는 이유와 왜 평행선들이 만나는 것처럼 보이는지를 설명했다.《천문현상론phenomena》에서 그는 구면기하의 정리들을 모아 설명하였으며, 하늘을 통과하는 별과 행성들의 이동에 대한 기하학적 원리 설명에 그 정리들을 사용했다. 당시 그는 그리스 수학자 아우톨리쿠스Autolycus가 몇 년 앞서 쓴 비슷한 책《구에 관하여Sphaerica》에서 많은 부분을 인용했다.

유클리드의 생애와 업적을 소개하고 있는 후세 저자들의 책에서 유클리드가 현재 전해지지 않는 11권의 또 다른 책들을 썼음을 확인할 수 있다.《원추곡선론Conics》은 네 권으로 되어 있으며 원뿔 모양의 물체를 자를 때 생기는 포물선, 타원, 쌍곡선에 대하여 잘 알려진 모든

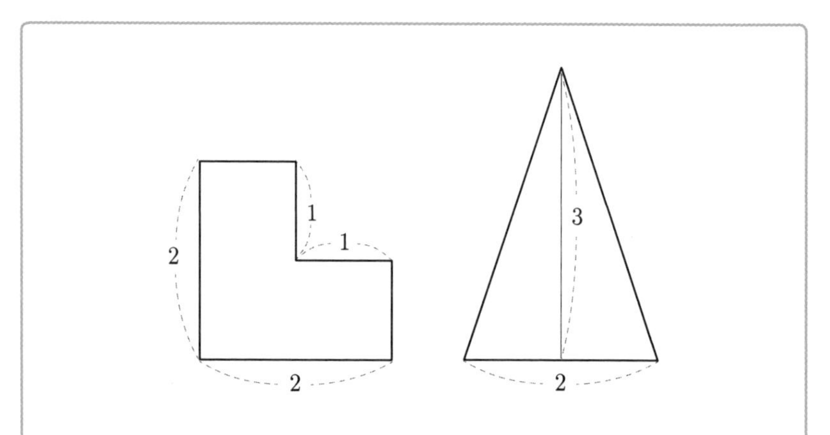

유클리드의《도형의 분할에 대하여》는 특정한 넓이와 변의 길이를 갖는 기하학적 도형을 어떻게 그리는지를 설명했다. 이 삼각형의 넓이는 1×1의 정사각형을 제거한 2×2의 정사각형의 넓이와 같다.

이론들이 재배열되어 있다. 유클리드는 대부분의 자료를 동시대인인 아리스타에우스Aristaeus가 쓴 《Solid Loci》라는 책에서 인용했다. 같은 주제로 기원전 200년에 아폴로니우스가 《원추곡선론Conics》을 출간했지만 현재 모두 남아 있지 않다.

유클리드의 《곡면자취론Surface Loci》는 이차원 도형을 회전축을 중심으로 회전시켜 얻은 구, 원뿔, 원기둥, 토러스, 타원면, 다른 회전체의 곡면을 다룬 두 권짜리 책이다. 그는 이 책에서 곡면의 특성은 물론, 그런 곡면을 그린 곡선에 대하여 이야기했다. 《음악의 원리Elements of Music》는 피타고라스의 음표가 나타내는 비율을 포함하면서, 음악 이론을 뒷받침하는 수학적 원리를 다루었다. 《오류론Pseudaria》은 초등 기하로부터의 논리적 추론에서 나타난 잘못된 증명과 공통으로 나타나는 실수들을 모아 설명했다. 《부정명제론Porisms》은 원하는 특성들을 소유한 점, 직선 또는 기

하 도형을 어떻게 작도하는지를 보여주는 38개의 보조 정리와 171개의 정리를 포함한 3권짜리 책이다. 이 책에서는 원의 중심을 구하는 방법 및 서로 다른 세 원이 주어져 있을 때 이 세 원과 만나는 한 원을 그리는 방법과 관련된 예제들을 제시하고 있다.

역사학자들은 유클리드가 저술한 것으로 보이는 역학과 음악에 대한 책들을 더 발견했지만 작성된 방식을 분석한 결과, 유클리드가 아닌 다른 동시대의 그리스 저자들의 저서일 것이라고 유추하고 있다.

2000년 동안 기하학을 책임진 《원론》

8세기 아라비아인들이 그리스 수학자들의 저서를 아라비아어로 번역하면서 유클리드의 이름을 'Uclides'로 번역했다. 아라비아어 교과서에 실린 유클리드의 이름은 아라비아어에서 '열쇠'를 뜻하는 'ucli'와 '측량'을 뜻하는 'des'가 합쳐진 혼합어를 나타내는 것이었다. 몇몇 학자들은 '측량을 하기 위한 열쇠'라는 뜻의 이름을 가진 사람이 측량과 관련된 기하학 책을 쓴 것인지, 또는 몇 명의 수학자들이 그들의 저작물들을 유클리드의 이름으로 출간한 것이 아닌지 의심했다. 많은 수학자들과 역사학자들이 후자를 믿고 있지는 않지만, 이런 일들은 다른 시대에도 일어났다. 피타고라스가 죽은 후 300년 동안, 그의 제자들은 그들이 발견한 모든 수학적 이론을 피타고라스의 이름으로 발표하였으며, 20세기 초에는 프랑스의 젊은 수학자들이 소르본 대학 수학 강의의 구태의연함에 자극을 주기 위해 새로운 형식의 수학 교과서를 집필 · 출판하면서 프로이센-프랑스 전쟁 당시 프랑스 장군의 이름인 '부르바키'라는 이름을 사용했다.

수학자들도 거짓 저자를 내세워 책을 펴내는 일이 가능하다고는 생각한다. 그러나 그들은 유클리드가 알렉산드리아 무제이온에서 가르친 《원론》을 썼으며, 기원전 270년경 알렉산드리아에서 죽은 실제의 인물임을 의심하지 않는다. 그의 대작인 《원론》은 2000여 년 동안 기하 교육에 큰 영향을 미쳤다. 모든 수학 정리들이 논리적으로 중요한 원리들에 의하여 증명된다는 유클리드의 주장은, 오늘날 수학자들의 연구 방법에 지속적인 영향을 미치고 있다.

유클리드는 증명을 마친 후 끝 부분에, '이렇게 증명했다'라는 뜻을 가진 세 개의 낱말을 써 놓곤 했다. 이 낱말은 라틴어로 'Quod erat demonstrandum(which was to be demonstrated)'으로 번역되며, 오늘날 많은 수학자들이 유클리드에게 경의를 표하기 위해 증명을 끝낸 후 이 세 낱말의 약자 'Q.E.D.'를 계속 사용하고 있다.

아르키메데스

Archimedes
(BC 287~212)

수학의 원리를 이용할 줄 알았던 고대 그리스의 발명가

"나에게 서 있을 자리를 준다면
내가 지구를 들어올리겠소!"

- 아르키메데스

시라쿠스의 아르키메데스는 둘레의 길이, 넓이, 면이 일정치 않은
도형의 부피를 어림하여 계산하기 위하여 실진법을 이용했다.

기하학적 방법의 혁신자

아르키메데스는 실용기기의 발명가로도 유명하지만 그보다는 수학과 물리학에서 이루어낸 여러 발견들로 인해 더 많이 알려져 있다. 이를테면 삼각형, 사각형과 달리 모양이 일정하지 않은 도형의 둘레의 길이나 넓이, 부피를 구하기 위하여 실진법을 활용하기도 하고 아르키메데스 나선을 활용하여 접선을 발견하는가 하면 임의의 각을 3등분하는 방법을 알아냈다. 또 수학의 원리를 토대로 한 많은 실험을 통해 지레, 도르레, 무게중심에 대한 이론들을 확립했다. 특히 부력의 원리에 대한 발견은 유체역학의 이론을 확립시키는 데 큰 공헌을 했다.

실용적인 기계를 만들어내는 발명가

아르키메데스는 기원전 287년 이탈리아 남서부 해안의 시실리 섬에 있는 그리스 문명의 도시 시라쿠스에서 태어났다. 그의 아버지 페이디아스는 당시에 존경받는 천문학자였다. 상류 계급 출신이자 과학자의 아들이었기 때문에 좋은 교육을 받을 수 있었던 아르키메데스는 시라쿠스에 있는 학교에서 공부를 마친 후, 이집트 학문의 중심지인 알렉산드리아로 여행을 떠났다. 그는 그곳에서 수학자이자 천문학자인 코논과 알렉산드리아 도서관 책임자인 수학자 에라토스테네스의 지도를 받았다. 이런 환경에서 성장한 아르키메데스는 일상생활에서 부딪히는 문제를 해결하기 위해 수학을 사용하고 새로운 수학 지식을 개발하는 것에 흥미를 갖게 되었다.

아르키메데스는 창의적인 발명가로 먼저 이름이 알려졌다. 그는 나일강 근처에 사는 농부들이 강물을 끌어들이는 효율적인 장비를 가지고 있지 않다는 것을 알고 한쪽 끝에 핸들을 부착한 가늘고 긴 원통에 금속 날개를 넣어 아르키메데스 펌프라 부르는 양수기를 만들었다. 이집트 농부들은 경작 시기에 한쪽 끝을 비스듬하게 물속에 넣고 핸들을 돌려 금속 날개를 회전시키면 아래쪽의 물이 이 원통을 따라 올라오는 이 아르키메데스 펌프를 사용하여 강에서 물을 끌어올렸다. 이 양수기는 저수지에서 물을 끌어들이거나 광산에서 지하수를 퍼낼 때, 또 배 밑의 선창에 고인 바닷물을 퍼낼 때

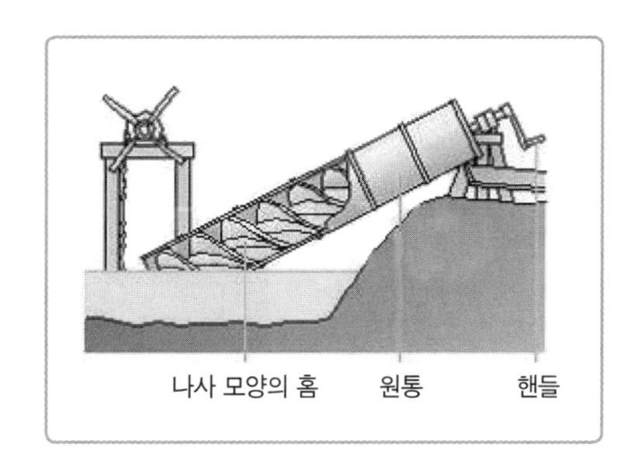

등 그리스 전역에서 다양한 목적으로 사용되었다.

알렉산드리아에서 수십 년을 지낸 후, 아르키메데스는 시라쿠스로 돌아가 계속 기계를 발명하고 제작하기 위한 수학적 원리를 연구했다.

아르키메데스가 만든 가장 유명한 두 기계 장치는 지레와 도르래이다. 지레는 받침점 위에 놓여 있는 긴 막대로, 이 막대의 한쪽 끝을 누르면 다른 쪽 끝에 있는 무거운 물체를 들어 올릴 수 있다. 시소, 장도리, 배의 노들은 모두 지레를 응용한 예들이다.

도르래는 바퀴에 줄을 감아 만든 것으로, 한쪽 끝을 아래로 당기면 다른 쪽 끝에 달린 무거운 물체를 들어 올릴 수 있다. 깃대에 달린 줄, 자전거 체인, 유리창 청소 시 청소하는 사람을 끌어올리는 기계는 모두 도르래를 응용한 예들이다.

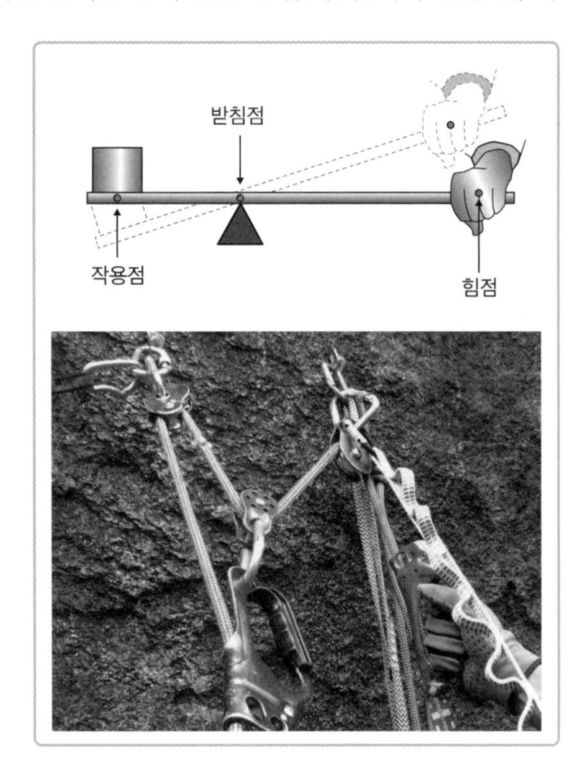

사람들은 아르키메데스가 태어나기 전에도 수백여 년 동안 지레와 도르래를 사용해 왔다. 그러나 이 단순한 기계들의 작동에

대한 수학적 원리를 완전히 이해한 최초의 인물은 아르키메데스였다.

아르키메데스는 지레와 도르래가 지니는 힘을 매우 확신하고 있었기 때문에 아무리 무거운 물건이라도 충분히 옮길 수 있다고 주장했다. 하물며 “나에게 서 있을 자리를 준다면 내가 지구를 들어 올리겠소!”라고 큰소리를 치기도 했다.

시라쿠스의 통치자이자 친구인 헤론 왕은 이런 아르키메데스에게 군수품과 군인들을 실을 군함을 바다에 띄워 줄 것을 요청했다. 이에 따라 도르래와 지레의 원리를 이용한 기계를 만든 뒤 아르키메데스는 왕과 많은 구경꾼들의 놀라움을 뒤로 한 채 힘들이지 않고 군함을 바다 위에 띄웠다.

헤론 왕은 높은 담으로 둘러싸인 시라쿠스를 로마 군대의 잦은 공격으로부터 방어하는 데 사용할 수 있는 무기를 발명해 달라고도 했다. 아르키메데스는 지레와 도르래의 원리를 활용하여 도시의 방어벽을 뚫고 항구로 들어오는 배에 500파운드의 돌을 던질 수 있는 조정 가능한 투석기를 발명했다. 또 방어벽 너머까지 뻗어나가는 거대한 기중기를 발명하여 적선을 높이 들어 올린 다음 물에 떨어뜨려 침몰시켰다.

이밖에도 한 번에 많은 양의 화살을 쏠 수 있는 기계를 고안하였으며, 포물면 · 쌍곡면 · 반구면 모양의 거울과 렌즈를 발명하여 태양광선을 반사시켜 배의 돛에 불을 붙임으로써 적의 배를 불태우기도 했다. 이와 같은 활약으로 로마 군인들은 도시의 벽에 걸려 있는 줄을 보기만 해도 아르키메데스가 만든 또 다른 전쟁 기계일 것이라며 겁을 먹고 퇴각할 정도로 그를 두려워했다고 한다.

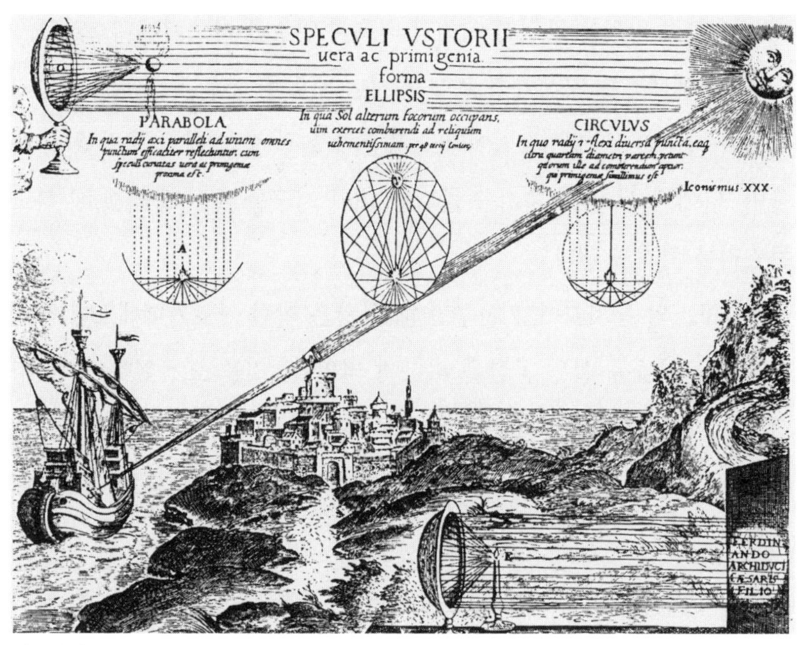

아르키메데스는 로마군 배의 돛에 태양광선을 비추어 불을 내는 데 이용하는 굽은 거울과 렌즈를 디자인했다.

파이의 근사값을 계산한 첫 번째 수학자

아르키메데스는 양수기와 많은 전쟁 기계의 발명가로 로마제국에서 점점 유명해졌지만, 그의 수학적 발견들은 그보다 훨씬 더 중요하다. 그는 수학과 물리학의 여러 영역에서 20권 이상의 책을 썼다. 저서 《원의 측정에 관하여*Measurement of the Circle*》에서는 거리와 넓이를 계산하는 새로운 기하학적 방법을 다루었으며 《모래 계산자*Sand Reckoner*》에서는 큰 수를 포함한 계산 문제를 해결하기 위한 혁신적인 방법들을 소개했다. 《부체에 대하여 *On Floating Bodies*》에서는 유체 속의 물체가 수직으로 받는 힘인 양력의 원리를 설명했다. 이 세 권의 책과 또 다른 8권의 책은 아라비아어와 라틴어로 번역되어 보전되어 왔다. 그러나 불행하게도 15권 이상의 또 다른 책들은 현재 남아 있지 않다. 아르키메데스의 발견이 일부라도 알려지게 된 것은 이집트에 있는 친구 코논과 주고받은 편지에 그 내용이 담겨져 있었기 때문이다.

아르키메데스의 가장 훌륭한 수학적 업적 중 하나는 실진법 method of exhaustion을 완성시켰다는 것이다. 실진법은 BC 5세기의 그리스 수학자 안티폰과 키오스의 히포크라테스에 의해 처음으로 개발되었고, BC 4세기에 에우독소스가 보다 엄밀하게 형식화했다. 이것은 곡선으로 둘

러싸인 도형의 넓이와 둘레의 길이를 구하기 위한 한 방법으로서, 구하고자 하는 도형과 그 넓이나 둘레의 길이가 거의 같은 보다 단순한 모양의 다각형들의 넓이와 둘레의 길이를 구하여 그 넓이와 둘레의 길이를 어림하여 계산하는 것이다. 안티폰은 원의 넓이를 구할 때 먼저 원 안에 정다각형을 만들고 이 정다각형의 변의 수를 계속 늘려가며 원의 실제 넓이와 거의 같은 값을 구했다. 실진법method of exhaustion의 'exhaustion'은 다 써 버림, 소멸, 고갈을 의미한다. 안티폰이 원의 넓이를 계산한 방법을 보면 넓이나 길이를 구할 때 왜 이 말을 사용하게 되었는지 알 수 있다. 원에서와 같이 선분으로 둘러싸인 도형들의 극한은 곡선으로 둘러싸인 원래 도형 전체를 고갈시켜 버린다. 그래서 'exhaustion'이란 단어가 사용된 것이다.

아르키메데스는 π의 값을 어림하여 계산하기 위하여 실진법을 사용했다. 수십 세기에 걸쳐 수학자들은 원의 지름의 길이(d)에 대한 원의 둘레의 길이(C)가 일정한 비율을 나타낸다는 것을 알고 있었다. 이후 이 수를 그리스 문자 π로 나타내고 관계식 $\frac{C}{d}=\pi$나 $C=\pi\cdot d$로 표현했다. 즉 원의 지름의 길이가 1(1피트, 1야드, 1미터)일 때 그 둘레의

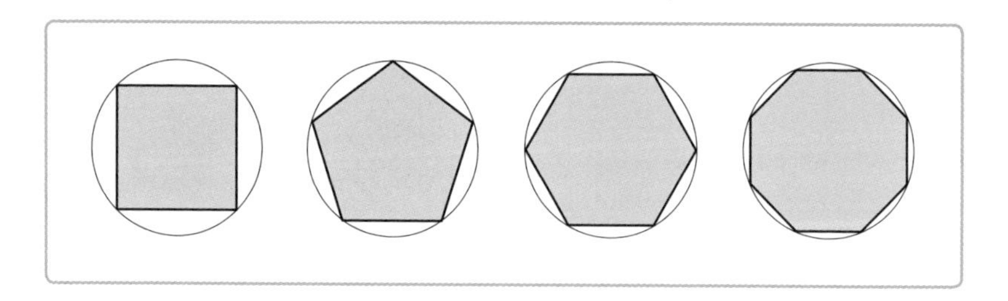

길이는 π가 된다. 수학자들은 상수 π가 3보다 약간 크다는 것을 알고 있었지만 정확한 값을 구하는 방법은 알지 못했다.

아르키메데스는 단계적으로 π의 값을 어림하기 위하여 실진법을 사용했다. 먼저 그는 지름이 1인 원을 그리고, 그 원 위에 같은 간격으로 6개의 점을 찍었다. 그런 다음 이웃하는 점들을 직선으로 연결하여 원 안에 육각형을 만들고 이것을 내접 육각형이라 했다. 이 육각형은 원 안에 들어 있기 때문에 각 변의 길이의 합은 원의 둘레의 길이보다 작다. 간단한 방법으로 이 내접 육각형의 둘레의 길이를 계산한 결과 이 값이 π의 값에 가깝지만 그보다는 작다는 것을 알 수 있다.

다음으로 그는 내접 육각형을 그릴 때 사용했던 6개의 점을 사용하여 원보다 큰 육각형을 작도했다. 외접 육각형의 둘레의 길이를 계산한 결과 이 값 또한 π의 값에 가깝지만 그 값보다 크다는 것을 알게 되었다. 따라서 그는 π의 참값이 3.00과 3.47 사이의 값임을 알게 되었다.

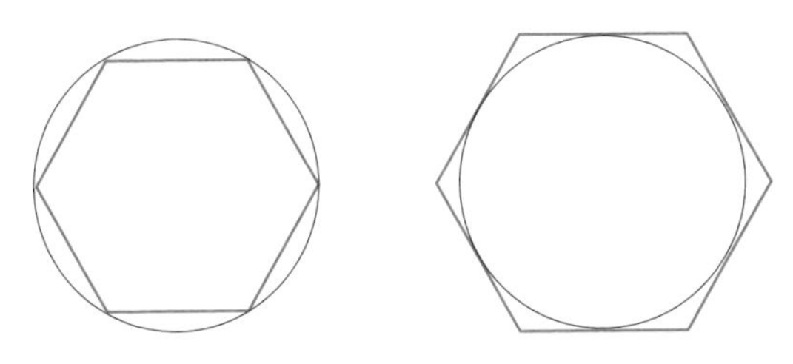

아르키메데스는 내접 다각형과 외접 다각형의 둘레의 길이를 구함으로써 원의 둘레의 길이를 어림하여 계산했다.

그 다음에는 원에 내접하는 12각형과 원에 외접하는 12각형을 작도함으로써 이 과정을 반복한 결과, p의 값이 3.10과 3.22 사이라는 것을 알았다. 24각형, 48각형, 96각형의 도형에서 이 과정을 반복함으로써, 그는 π의 값이 $3\frac{10}{71}$ (=3.1408)과 $3\frac{10}{70}$ (=3.1429) 사이에 있다는 것을 알게 되었다. π의 참값은 하나의 분수로 표현될 수 없으며, 유한소수로도 표현할 수 없다. 무한소수로 표현되는 π의 값은 소수점 아래 네 번째 자리까지 나타내면 3.1416이다. 아르키메데스의 근사값은 당시 그리스에 알려진 임의의 다른 어림값보다 가장 정확했다. 그는《원의 측정*Measurement of the Circle*》에서 이 값과 이 값을 구하는 방법을 공개했다. 이 책은 많은 언어로 번역되어 널리 배포되었으며 중세에 수학을 공부하는 학생들이 사용했다. 아르키메데스의 영향을 받아 18세기의 수학자들은 보다 많은 변을 가진 내접 다각형, 외접 다각형을 사용하여 π의 값에 대하여 소수점 아래 처음 35자리의 수를 결정했다.

넓이와 부피의 근삿값을 구하는 실진법

아르키메데스가 살았던 당시에 그리스인들은 육각형이나 사다리꼴 등 선분으로 둘러싸인 기하도형의 정확한 넓이를 구하는 법을 알고 있었다. 그 방법이란 바로 도형을 작은 직사각형이나 삼각형으로 분할한 다음 그것들의 넓이를 합하는 것이다. 아르키메데스는 실진법을 사용하여 곡선으로 둘러싸인 도형의 대략적인 넓이를 구했다. 즉 도형을 같은 두께의 조각들로 분할하고 각 조각들의 내접 직사각형들의 넓이를 더하여 곡선으로 둘러싸인 도형의 넓이를 어림하여 계산했다. 또 분할한 각 조각의 두께를 절반으로 나누어 다시 도형을 분할한 다음 각 조각의 내접 사각형들의 넓이를 더하면 처음보다 정확하게 그 넓이를 어림하여 계산할 수 있다. 내접 직사각형의 두께를 더 잘게 분할하는 과정을 되풀이하면 실제의 넓이와 매우 가까운 값을 구할 수 있게 된다.

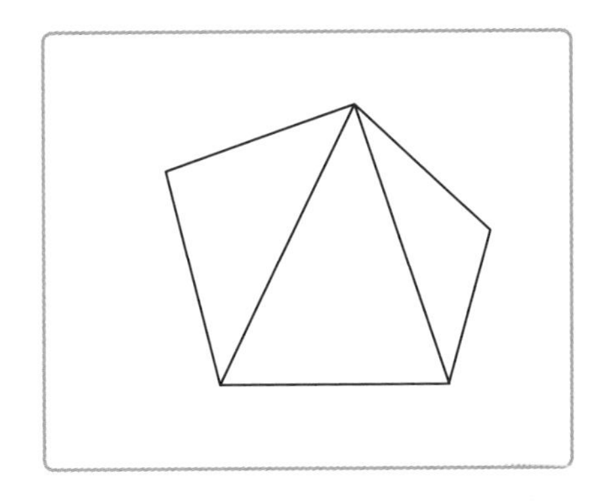

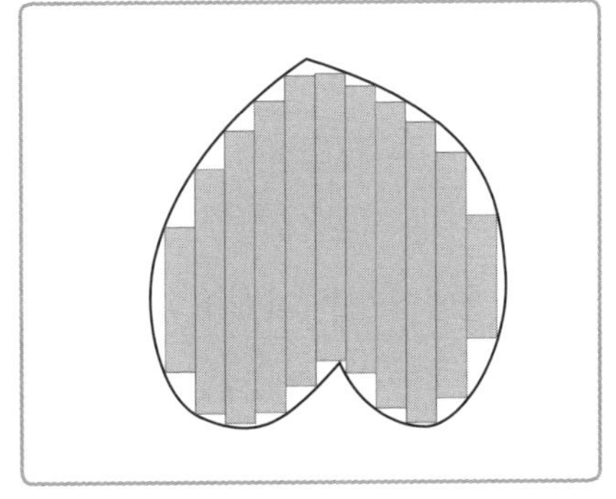

아르키메데스는 곡선으로 둘러싸인 도형의 넓이를 어림하여 계산하기 위하여 그 내부를 두께가 같은 직사각형들로 분할한 다음 그 넓이를 더하는 실진법을 사용했다.

아르키메데스는 자신의 책에서 넓이의 차와 넓이의 비율, 근사값을 활용한 세 가지 변형된 실진법을 소개하였으며 실제로 이 방법을 활용하여 많은 정리를 증명했다. 《포물선의 구적에 관하여*On the Quadrature of the Parabola*》에서는 포물선 내 일부분의 넓이를 구하기 위하여 삼각형을 계속 추가시킴으로써 그 근사값을 구하는 실진법을 사용하였으며 《원뿔과 회전타원체에 관하여*On Conoids and Spheroids*》에서는 타원의 넓이를 구하기 위하여 실진법을 어떻게 사용할 것인지를 설명했다. 또 앞에서

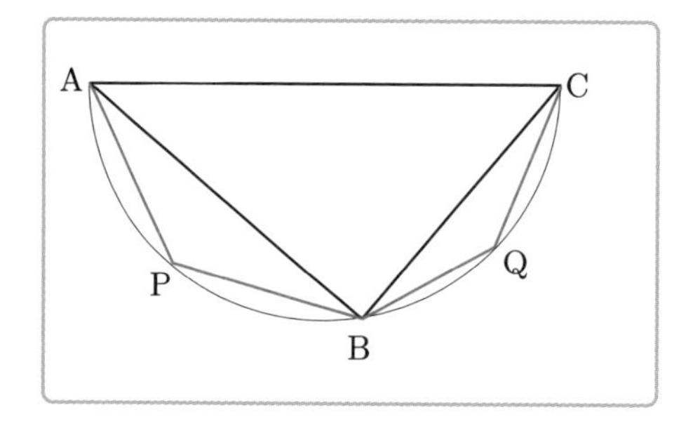

언급한 바 있는 《원의 측정*Measurement of the Circle*》에서는 원의 넓이가 원의 반지름의 길이를 높이로 하고 원의 둘레의 길이를 밑면으로 하는 직각삼각형의 넓이와 같다는 것을 보이기 위하여 내접 다각형과 외접 다각형의 넓이의 차를 사용했다. 이때 삼각형의 넓이가 $\frac{1}{2}\times$(밑변의 길이)(높이)이므로 원의 넓이는 $\frac{1}{2}(r)(2\pi r)$가 된다는 것을 설명했다. 이것이 바로 현재 원의 넓이를 구하는 공식으로 알려져 있는 $A=\pi r^2$이다.

아르키메데스는 자신이 쓴 여러 권의 책 중 《구와 원기둥에 관하여*On the Sphere and the Cylinder*》를 유달리 좋아했다. 이 책에서 그는 실진법으로 구와 원뿔, 원기둥과 같이 곡면으로 둘러싸인 3차원 입체도형의 겉넓이와 부피를 구하였으며 원뿔의 겉넓이를 구하기 위해 여러 삼각형의 넓이의 비율을 이용한 실진법을 활용했다. 또 구의 부피를 구하기 위하여 구를 같은 두께의 조각들로 자른 다음 각 조각들을 맞추어 큰

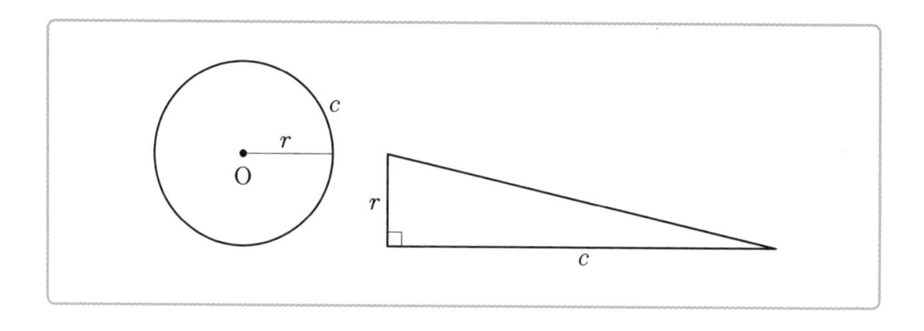

원반을 만들었다. 원반의 부피는 쉽게 구할 수 있으므로 이것을 이용하여 반지름의 길이가 r인 구의 부피가 $V=\frac{4}{3}\pi r^3$임을 알게 되었다.

한편 이 부피 공식을 발견할 때 아르키메데스는 캔 안에 꽉 끼어 있는 공처럼 구를 원기둥 안에 넣는 실험을 통해 구의 부피가 원기둥의 $\frac{2}{3}$가 된다는 것을 알게 되었으며, 구의 겉넓이 역시 원기둥의 $\frac{2}{3}$가 된다는 사실을 이용하여 계산한 결과 그 넓이가 $A=4\pi r^2$이 된다는 것을 발견했다. 아르키메데스는 평소에 이 두 가지 발견을 자신의 가장 위대한 업적이라고 생각하고 주위 사람들에게 자신이 죽으면 원기둥 안에 구가 들어 있는 그림을 분수 $\frac{2}{3}$와 함께 묘비에 새겨 달라고 했다. 이 무덤은 BC 75년 로마의 역사학자 키케로에 의해서 발견되었으며, 묘비에 이 전설적인 내용이 새겨져 있었다고 한다.

일상생활에서 사용하는 물건들에서 엿볼 수 있는 수학적 성질에 대해서도 흥미를 느낀 아르키메데스는 그가 정리한 《보조정리집*Book of Lemmas*》에 일명 '제화공의 칼'이라 부르는 아르벨로스arbelos에 대한 연구를 실었다. 그는 저서에서 선분 CD가 지름 AB에 수직일 때 선분 CD를 지름으로 하는 원의 넓이가 아르벨로스의 넓이와 같음을 증명했다. 또 소금 그릇

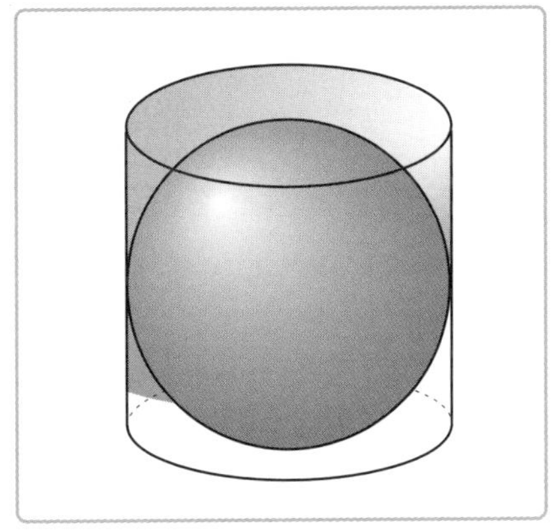

아르키메데스는 구의 부피가 외접하는 원기둥 부피의 $\frac{2}{3}$가 된다는 사실을 증명한 것을 자랑스러워했다.

모양의 살리논salinon에 대한 정리도 소개했는데, $\overline{AD}=\overline{EB}$이고, 선분 AB, AD, DE, EB를 지름으로 하는 네 개의 반원을 그리면, 살리논의 넓이는 대칭축 FOC를 지름으로 하는 원의 넓이와 같다는 내용이다.

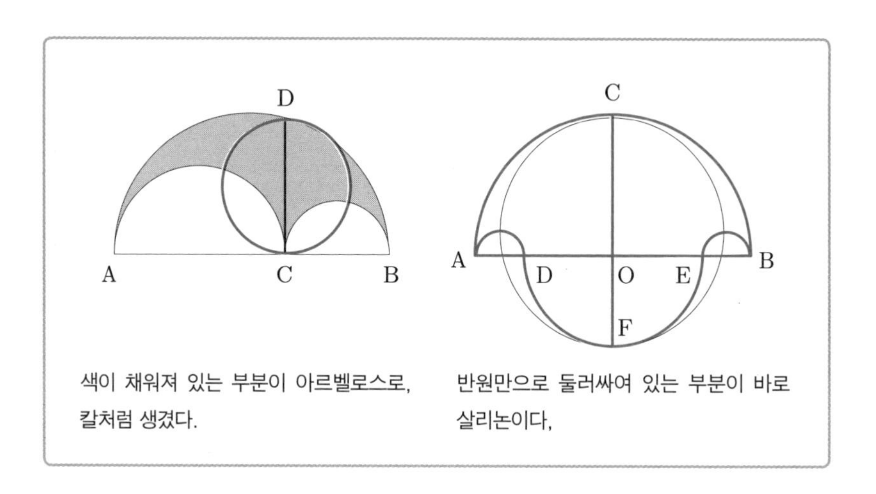

색이 채워져 있는 부분이 아르벨로스로, 칼처럼 생겼다.

반원만으로 둘러싸여 있는 부분이 바로 살리논이다.

한편 아르키메데스는 여러 물체의 부피에 관하여 연구하면서, 오렌지처럼 생긴 구를 같은 두께의 조각들로 분할한다면, 자르는 방법과는 상관없이 각각의 조각은 같은 양의 오렌지 껍질을 가질 것이라는 것에 주목했다. 만약 같은 두께를 갖는 10개의 조각으로 쪼갠다면 각 조각들에는 오렌지 껍질의 $\frac{1}{10}$씩이 포함되어 있게 된다. 따라서 모양이 일정하지 않은 도형의 부피를 구하기 위해서는 이와 같이 도형을 여러 개의 조각으로 쪼개어 각 조각의 부피를 구한 다음 그 합을 구하면 된다. 아르키메데스는 이런 사실을《보조정리집》에서 다루었다. 곡선 모양의 물체에 대하여 그 둘레의 길이나 넓이, 부피를 구하기 위해서 실진법을 다양하게 사용했던 것이다. 아르키메데스가 생각한 비정형 물체의 겉넓이와 부피의 계산법은 해석학의 중요 개념인 적분의 기본 개념을 개발하는 데 큰 역할을 했다.

목욕탕에서 배운 수학

실용주의 과학자 아르키메데스는 물체의 물리적 모형을 가지고 여러 가지 실험을 하던 중에 많은 영감을 얻었다. 금속 조각을 자르면서 특별한 모양을 발견하거나 막대 위에 물건을 올려놓고 균형을 잡는 도중에 중심축을 알아내고, 모형을 손가락 끝에 올려놓고 회전시키면서 무게중심을 발견했다. 아르키메데스는 이와 같은 실험을 통해 수학적인 해결 방법을 알아낼 수 있었다. 이와 같은 방법은 당시의 다른 수학자들과는 매우 다른 것이었다. 철학자 플라톤의 가르침을 따르는 사람들은 순수수학만이 지식을 얻는 진정한 길이라고 여겼다. 그들은 지혜와 진리가 물리적 세계와 실제의 경험에 의해서 만들어지지 않는다고 믿었다. 그러나 아르키메데스는 훨씬 자유로운 사고방식을 지녔으며 자신을 둘러싼 세계를 관찰함으로써 상황이 어떻게 진행되는지를 쉽게 배울 수 있었다.

아르키메데스는 두 권으로 구성된 《평면의 평형에 관하여*On the Equilibrium of Planes*》에서 지레의 법칙과 여러 다각형의 무게중심에 대하여 알아낸 것들을 설명했다. 그는 대부분의 저서에 그가 이들 원리들을 어떻게 알아냈는지에 대해서는 설명하지 않고 이론을 엄밀하게 증명하는 등 논리의 정확성을 강조했다. 《역학 이론의 방법에 대하여*On the Method of Mechanical Theorems*》는 간단히 《방법*The Method*》이라 불리며, 그가 실험 과정에서 수학 지식을 개발했던 방법에 대하여 설명해 놓은 책이다. 따라서 이 책을 읽은 독자들은 아르키메데스의 날카롭고 창의적인 사고의 일면을 엿볼 수 있다.

아르키메데스의 가장 중요한 저서 중 하나인 《나선에 대하여*On Spirals*》에서는 자신의 이름을 붙인 아르키메데스 나선에 대하여 설명하고 있다. 이 나선은 원점이라 부르는 한 점에서 출발하여 그 주위를 돌면서 일정한 비율로 커져가는 곡선을 말하며 식 $r=a\theta$로 나타낸다. 당시 그리스인들은 자와 컴퍼스만을 사용하여 나선을 그릴 수 없었기 때문에 플라톤의 가르침을 따르는 수학자들은 나선을 활용하여 문제를 해결하려 하지 않았다. 하지만 아르키메데스는 수학자들이 수백 년 동안 해결하려고 시도했던 유명한 각의 삼등분 문제, 즉 임의의 각을 크기가 같은 세 개의 각으로 나누는 문제를 해결하기 위하여 이 나선을 활용했다.

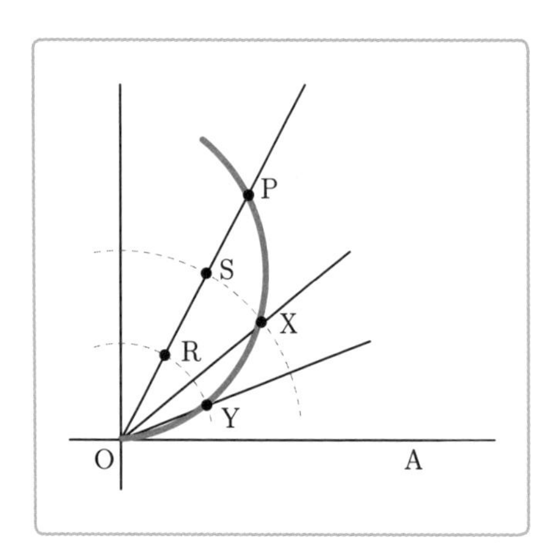

각 AOP를 삼등분하는 과정을 살펴보기로 하자. 각의 한 변과 나선이 만나는 점을 P라 하고 선분 OP를 삼등분한 점을 각각 R과 S라 하자. 그런 다음 O를 중심으로 반지름이 OR, OS인 원의 일부

를 그리면 다른 두 점 X, Y에서 나선과 만난다. 이때 반직선 OX와 OY는 각 AOP를 삼등분한다.

아르키메데스는 나선 위의 점이 동시에 두 종류의 운동, 즉 원점에서 일정한 속도로 멀어지는 운동과 원점을 중심으로 하는 원운동을 하는 것이라 생각하고 이 두 종류의 운동을 합성한 운동의 방향을 찾으려고 했다. 그 결과 원이 아닌 나선상의 임의의 점에서의 접선을 발견했다. 접선은 현대 해석학에서 중요한 개념 중 하나인 도함수의 기본 개념이다. 아르키메데스가 발견한 접선 및 실진법은 현대 미적분학의 일부 내용으로 18세기 뉴턴과 라이프니츠에 의해 급속히 발전된 미적분학의 발판이 되었다.

아르키메데스는 다른 사람들과 다른 방법으로 상황을 인지하는 능력이 매우 뛰어나다는 것을 보여 주었다. 그는 사소하고 작은 부분에 대해서도 소홀히 하지 않았으며 오랫동안 문제를 깊이 생각했다. 그는 추운 저녁 불 옆에 앉아 여러 날 계속 생각해 오던 문제를 해결하기 위해 마루 위에 재를 뿌리고 그 위에 그림을 그리기 일쑤였다. 또 목욕 후 몸에 오일을 바르는 와중에도 거듭 생각하던 문제나 새로운 생각이 떠오르면 피부에 손톱으로 도형을 그리곤 했다.

어느 날 헤론 왕이 금 세공사에게 순금을 주고 새로운 왕관을 만들라고 명령했다. 며칠 후 완성된 왕관을 받은 왕은 크게 기뻐하면서 세공사에게 큰 상을 주었다. 그러나 세간에 순금이 아닌 다른 금속을 섞어 왕관이 만들어졌다는 소문이 나돌았다. 왕은 세공사를 불러들여 왕관의 무게를 달아 보았지만 그가 세공사에게 준 순금의 무게와 같았다.

의심을 지울 수 없었던 왕은 아르키메데스를 불러 왕관이 순금으로 만들어졌는지, 아니면 세공사가 금의 일부를 다른 금속으로 바꾸어 왕관을 만들었는지를 알아보도록 명령했다.

왕의 명령을 받은 아르키메데스를 포함한 당시의 어느 누구도 왕관을 손상시키지 않고 왕관이 순금으로 되어 있는지의 여부를 알아내는 방법을 알지 못했다. 이 문제로 고민에 빠져 있던 어느 날, 아르키메데스는 목욕탕에 갔다가 목욕탕에 들어가면 물이 높이 올라가는 것을 발견했다. 새로운 발견에 흥분한 나머지 아르키메데스는 옷도 걸치지 않은 채 '알아냈다'는 뜻의 "유레카!"를 외치며 거리를 뛰어갔다.

궁전에 도착한 그는 그릇에 물을 담아 왕관을 넣고 물이 얼마나 올라가는지를 재었다. 그런 다음 왕관과 똑같은 무게의 금을 다시 그릇에

넣었다. 물의 높이가 왕관을 넣었을 때만큼 올라가지 않자 왕관이 순금으로 만들어진 것이 아님을 알 수 있었다.

아르키메데스는 사소한 힌트에도 항상 주의를 기울이는 사고방식 덕분에 많은 발견을 이룰 수 있었다. 아르키메데스가 목욕탕에서 발견한 것은 어떤 물체를 액체 속에 넣을 때 그 물체의 무게만큼 액체가 흘러넘친다는 것이다. 이것은 현재 아르키메데스의 부력의 원리로 알려져 있으며, 액체의 특성을 다루는 물리학 분야인 유체역학에서 기본 법칙으로 인정받고 있다. 그는《부체에 대하여*On Floating Bodies*》에서 부력의 원리와 특수한 중력에 관한 내용을 다루었으며 수학의 원리를 이용함으로써 유체역학 이론을 발전시키는 데 공헌했다.

전 우주를 채우는 데 필요한 모래알의 수는 몇 개일까?

아르키메데스는 그의 아버지와 마찬가지로 천문학에 관심이 많았다. 그는 태양, 달, 행성, 별들이 지구의 둘레를 어떻게 이동하는지를 보여주는 우주 모형을 만들기도 했다. 물을 흘려 넣어 작동시키는 이 모형은 심지어 월식 현상과 일식 현상도 보여 주었다. 또 지구에서 각 행성 및 태양까지의 거리는 물론 각 천체의 크기를 계산했다. 뿐만 아니라 바닷가의 모든 모래알들의 수를 나타낼 정도로 큰 수는 존재하지 않는다고 주장한 다른 수학자들에게 오히려 그보다 더 큰 수가 존재한다는 것을 증명해 보이기 위해 이들 측정값을 사용했다. 아르키메데스는 지구에서 가장 먼 별들까지의 전 우주를 채우는 데 필요한 모래알의 수가

1063개보다 작다는 것을 보임으로써 그들이 틀렸음을 증명했다.

이 위대한 계산 과정은 《모래를 세는 사람*Sand Reckoner*》에 설명되어 있다. 그는 먼저 양귀비 씨앗 한 개의 크기에 해당하는 모래알의 수를 계산한 다음, 손가락의 크기에 해당하는 양귀비 씨앗의 개수를 대략적으로 구했다. 그 다음에는 한 개의 육상 경기장을 채우기 위해서 필요한 손가락의 개수를 어림으로 계산하는 등의 과정을 계속 반복함으로써 보다 큰 수를 찾으려고 했다. 아르키메데스는 이들 큰 수들에 이름을 붙이고 기호로 나타내었다. 아르키메데스 이전까지 그리스에서 나타낼 수 있는 가장 큰 수는 기껏해야 1만이었지만 그는 $10{,}000\times10{,}000(=10^8)$, $10^8\times10^8(=10^{16})$와 같이 큰 수들을 서로 곱하여 보다 큰 수를 나타내고, 우주 전체를 채우는 데 필요한 모래알의 수는 1만×1만의 7제곱보다 작다는 결론을 내렸다. 이 아르키메데스의 '모래알의 개수를 계산하는 방법'은 후세 수학자들의 현재의 지수 표기와 과학 기호들의 발명에 기틀을 제공했다.

아르키메데스는 어렵고 복잡한 문제를 해결해 갈 때마다 점점 더 유명해져 갔다. 사람들이 어려운 문제, 특히 큰 수와 관련된 문제를 아르키메데스 문제라고 부를 정도로 그의 명성은 널리 알려졌다. 가축 문제Cattle Problem가 그 한 예이다. 이것은 네 가지 서로 다른 색깔의 암소와 수소의 수를 나타내는 8개의 변수를 만들고 이들 변수를 이용하여 만든 8개의 방정식으로 된 연립방정식을 푸는 문제이다. 그 해를 다 적는 데는 600페이지 이상의 종이가 필요할 정도라고 한다. 아르키메데스는 《보조정리집Book of Lemmas》에 해결 과정을 제시하지 않은 채 이 문제를 설명하였으며, 이와 비슷한 문제들도 많이 다루었다.

그는 수많은 발견을 했고 이를 저술했지만 그의 저서 중 절반도 안 되는 책들만이 남아 있다. 그는 특히 기하학과 관련하여 다양한 주제를 다루었으며 이에 대하여 많은 책을 썼다. 그중 《*On Touching Circles*》, 《*On Parallel Lines*》, 《*On Triangles*》, 《*On the Properties of the Right Triangle*》, 《*On the Division of the Circle into Seven Equal Parts*》, 《*On Polyhedra*》는 다른 수학자들의 저서에서만 언급되어 있는 것으로 알려져 있다. 《*Elements of Mechanics*》, 《*On Balances*》, 《*On Uprights*》, 《*On Blocks and Cylinders*》, 《*Catoptrics*》 등의 과학 책은 다른 학자들에 의해 이야기되었지만 남아 있지는 않다. 《*On data*》, 《*The Naming of Numbers*》, 《*On Water Clocks*》와 같이 다른 주제들에 대한 많은 책들 또한 남아 있지 않다.

1906년, 12세기의 기도서를 조사하던 한 연구원이 양피지의 지워진 일부분의 뒷면에서 희미하게 쓰여진 약간의 글을 발견했다. 그는 이 희미하게 쓰여진 글이 《방법*The Method*》의 일부를 포함한 여러 권의 아르키메데스 책을 10세기에 복사한 것이라는 것을 알게 되었다. 아르키메데스의 사본으로 알려진 174페이지의 이 책은 그의 저서 중 가장 오래 보존된 사본이다. 1998년, 익명의 억만장자가 경매에서 2백만 달러를 주고 그 희귀본을 구입하여 메릴랜드 주 볼티모어에 있는 월터스 박물관에 대여해 주었는데, 이곳에서 연구자들은 계속 그것을 손질하고 보존하며 내용을 번역하고 있다.

아르키메데스의 사망에 대해서는 다양한 이야기가 전해진다. 그중 가장 널리 알려진 이야기는 다음과 같다.

기원전 212년 로마 군대가 시라쿠스를 정복했다. 로마군이 침입한 어느 날 늘 그렇듯이 아르키메데스는 수학 문제를 풀기 위해 모래에 그림을 그리고 있었다. 한 군인이 그를 체포하여 데려가려 하였으나 아르키메데스는 그 문제를 다 풀 때까지 멀찍이 떨어져서 기다려 달라고 했다. 그러자 성급한 성격의 군인은 화가 나 창으로 그를 죽이고 말았다. 당시 아르키메데스의 나이는 75세였다.

세계 3대 수학자 중 한 사람

아르키메데스는 당시에 중요한 미해결 수학 문제들을 거의 해결했다. 그가 구하기 힘든 도형의 넓이를 어림하여 계산하기 위하여 실진법을 완성하고 나선에서의 접선을 구한 것은 18세기 미적분학의 발견을 촉발시키는 계기가 되었다. 그는 당시의 학문 탐구 방법과는 달리 기하학 문제를 해결하기 위해 실험적인 방법을 선호했다. 곡면에 대한 그의 연구는 기하학의 발전에 큰 기여를 했다. 그가 적용한 작은 수와 큰 수의 계산 방법은 새로운 계산법으로 도입되기도 했다. 수학자들은 아르키메데스의 깊은 통찰에 따른 독창적이면서 중요한 발견들을 인정하여 그를 뉴턴, 가우스와 함께 가장 위대한 3대 수학자 중 한 명으로 꼽고 있다.

히파티아

인류 최초의 여성 수학자

생각하도록 타고난 인간 고유의 능력을 아끼지 말라.
설령 틀린 생각을 하더라도 아무 생각도 하지 않는 것보다 낫다.

– 테온(히파티아의 아버지)

알렉산드리아의 히파티아는 고전 수학책에 대한 주석서를 썼다.

최초의 여성 수학자

그리스 수학자이자 철학자인 히파티아는 수학을 가르치고 책을 쓴 최초의 여성이다. 그녀가 쓴 주석서는 고대 수학자들이 쓴 고전들을 수정, 보완하고 보존시키는 역할을 했다. 그녀는 신 플라톤 학파의 철학자이자 수학 교사였고 훌륭한 과학자였지만 성난 군중에 의해 비극적인 죽음을 맞이했다. 이 사건으로 인해 7세기 이집트 알렉산드리아의 지식 문화는 막을 내리게 되었다.

완전한 인간

히파티아는 4세기 후반 이집트의 알렉산드리아에서 무남독녀로 태어났다. 그녀의 생애에 대한 자세한 내용은 주로 다음 네 가지의 사료를 통해 알 수 있다. 제자 쉬네시오스와 주고받은 편지, 5세기 사학자

소크라테스 스콜라스티쿠스가 쓴 《교회사》의 일부, 7세기 이집트 니키우의 주교 요하네스가 쓴 세계사의 일부, 10세기 그리스어 사전인 《수다 사전Suda Lexicon》에 실린 글이 그것이다. 이들 사료에 따르면 그녀는 350년~370년 사이에 태어났다.

7세기 초 이집트 왕국을 점령한 알렉산더 대왕은 나일 강 하구에 큰 도시를 설립하기로 하고 그 도시를 군대의 요새이자 국제 교역의 중심, 세계의 가장 위대한 지식과 학문의 중심지로 설계했다. 그곳에서 알렉산더와 그의 부하 톨레미 1세는 지구상의 모든 책을 수집하고 보존하기 위해 거대한 도서관을 짓고 학자들이 알렉산드리아에 올 때마다 책을 가져오도록 했다. 그러면 필경사들은 가져온 책들을 복사하고 대중들이 이용할 수 있도록 했다. 톨레미는 또한 오늘날 박물관museum의 어원인 무제이온Museion이라는 왕실 부속 연구 기관을 설립하여 여러 나라의 학자들을 초빙했다. 많은 학자들이 토론하고 배우고 가르치며 새로운 지식을 만들어내기 위해 모여들었으며 그리스에서 건너온 수학자들은 이때 많은 지식을 발견하기도 했다. 유명한 알렉산드리아 도서관도 바로 그 무제이온의 부속 기관 중 하나이다.

히파티아의 부모님은 세계의 중심지인 이 문명의 도시에 매료된 그리스의 학식 있는 시민이었다. 그녀의 아버지 테온은 무제이온에서 수학과 천문학을 가르치는 교사였으며 나중에는 무제이온의 책임자가 되었다. 그는 가르치는 일뿐만 아니라 태양과 달의 일식에 관한 글을 쓰는가 하면 학생들이 보다 쉽게 이해할 수 있도록 당시의 수학과 천문학 교과서를 재구성하기도 했다.

히파티아는 어렸을 때 어머니를 여의었는데 테온은 그녀가 신체적, 이성적, 정신적 능력을 골고루 갖춘 '완전한' 인간이 되기를 바라면서 뒷바라지에 혼신을 다했다. 그는 히파티아를 위한 신체 단련 프로그램을 짜서 매일 오랫동안 달리기, 걷기, 말 타기, 노 젓기, 수영을 시켰으며, 이성적 능력을 개발하기 위한 교육 프로그램도 설계했다. 아버지의 지도 아래 히파티아는 읽고 쓰는 것을 배웠고, 수학과 과학을 익혔으며, 사람들과 토론하고 청중들 앞에서 이야기하는 법도 배웠다. 히파티아는 아버지와 매일 무제이온으로 가서 그리스 문학의 고전들을 읽고 고대 철학자와 학자들의 지식을 접하곤 했다.

이처럼 학문 중심 도시에서 자란 히파티아는 훌륭한 대중 연설가가 되었으며 수학과 철학에서 우수성을 드러내기 시작했다. 그녀는 고등교육을 받기 위해서 그리스와 지중해 연안의 다른 나라들로 여행을 다니면서 새로운 사람들을 만나 다양한 문화를 이해하고 다른 전통과 관점을 존중하는 법을 배울 수 있었다.

고전 수학 책에 대한 주석서

알렉산드리아로 돌아온 후, 히파티아는 무제이온에서 아버지와 함께 지내며 수학과 철학을 가르쳤다. 그녀는 어린 나이에 훌륭한 교사로 명성을 얻고 학생들의 동경의 대상이 되었다. 그러나 그녀가 쓴 수학 책들은 당시보다는 그 이후 세대에 보다 큰 영향을 미쳤다. 히파티아는 아버지와 함께 고전 수학 교과서를 개정하고 최신의 내용을 추가했다.

그 책들은 당시에는《주석서》라고 불렸으며 오늘날은《편집판》이라고 불리고 있다. 주석서를 쓰는 저자들은 오류를 수정하고, 일부 내용은 설명 방법을 바꾸는가 하면 이전 수학 교과서가 쓰여진 이후에 새롭게 발견된 내용을 포함시켜 가장 최신의 책을 만들었다. 히파티아와 테온 및 다른 교수들 역시 이 새로운 책들을 사용하여 학생들을 가르쳤다. 다른 나라를 여행하던 학자들은 그 나라의 대학에 주석서의 사본을 전달했다. 그리고 그곳에서 라틴어, 아라비아어 등으로 번역하여 학생들을 가르칠 수 있도록 했다.

히파티아는 아버지 테온과 함께 무제이온 최초의 수학 교수인 그리스 수학자 유클리드가 700년 전에 쓴《원론》에 대한 주석서를 썼다.《원론》은 유클리드가 대학의 학생들이 논리적이고 체계적으로 공부할 수 있도록 쓴 13권짜리 책으로, 당시에 알려져 있는 모든 기초적인 수학 지식이 다루어져 있다. 테온과 히파티아는《원론》의 여러 사본에 들어 있는 오류를 수정하고 학생들이 보다 쉽게 이해할 수 있도록 일부 내용에는 자세한 설명을 덧붙였다. 당시 학생들뿐만 아니라 미래 세대까지 내다보고 쓴 이 주석서는 후세에 높이 인정받아 수천 년 동안 모든 교과서의 표준이 되었다. 이후 수 세기에 걸쳐 많은 수학자들이 수백 권에 이르는 유클리드《원론》의 주석서를 썼지만 테온과 히파티아의 주석서가 가장 많이 읽혔으며 원판에 매우 충실하게 쓰여졌다고 여겨지고 있다.

히파티아는 혼자서 디오판토스의《산학*Arithmetic*》, 톨레미의《*Handy Tables*》, 아폴로니우스의《원추곡선*Conics*》에 대한 주석서를 썼다. 이 책들은 서로 다른 시기에 쓰였지만 그 주제와 관련하여 저술된 당시의 가장 최신의 내용을 담고 있었다. 히파티아는 자신의 수학적 지식과 응용 능력 및 교사로서의 경험을 바탕으로 하여 이들 책을 다시 개정했다.

히파티아의 첫 번째 주석서는 디오판토스의 《산학》에 관한 것으로 전체 13권 중 현재 여섯 권만이 남아 있다. 현존하는 책에는 150여 개의 문장제와 풀이가 들어 있으며 대부분 1차 또는 2차방정식과 관련되어 있다. 디오판토스는 이 책에서 방정식의 계수를 다루고, 정사각형의 넓이, 정육면체의 부피를 나타내는 지수 표현 외에 일반적인 지수를 표현하는 체계적인 기호를 소개했다. 여기에 히파티아는 몇몇 다른 풀이 과정을 제시함과 동시에 연립방정식 $x-y=a$, $x^2-y^2=m(x-y)+b$(단, a, b, m은 상수)의 풀이법과 같은, 자신이 최초로 시도

한 새로운 문제들을 포함시켰다. 이 저서에 대하여 일부 학자들은 히파티아 단독의 연구 업적이라 평가하는가 하면, 어떤 학자들은 처음 《산학》이 쓰여진 이후 다른 수학자들에 의해 발견된 것이라 평가하기도 한다. 그녀는 이 주석서에 제시한 문제들의 끝 부분에 해가 옳다는 것을 독자들에게 보여 주기 위해 여러 단계들을 추가했다.

히파티아는 약 150년경 천문학자 톨레미가 쓴《천문 규칙에 관하여 *Astronomical Canon*》에 대한 또 다른 주석서도 썼다.《*Handy Tables*》라는 제목으로 출판된 이 책에 톨레미는 1도의 $\frac{1}{3600}$ 만큼 작은 각에 의해 절단된 원의 호의 길이를 나타낸 표를 실었다. 이 표에 대한 주석서를 먼저 출판한 테온은 딸의 재능이 자신을 능가했다고 진술하기도 했다. 이에 대해 역사학자들은 테온의 칭찬이 진심에서 우러나온 말인지, 그녀의 명성을 널리 알리기 위해 한 말인지 추정할 수 없다는 입장이다.

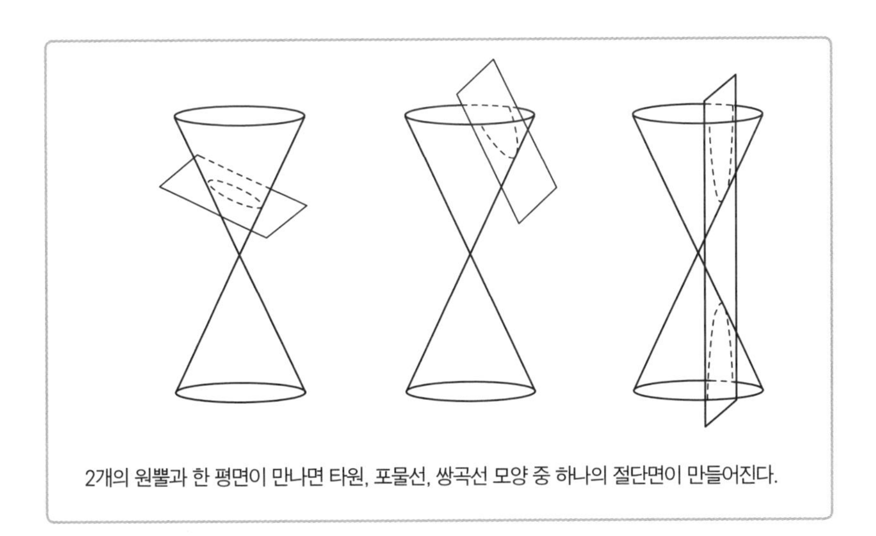

2개의 원뿔과 한 평면이 만나면 타원, 포물선, 쌍곡선 모양 중 하나의 절단면이 만들어진다.

천문학자, 항해사, 측량사, 기하학과 관련 업무 종사자들이 이 계산을 사용했다.

히파티아가 쓴 세 번째 주석서는 그리스 수학자 아폴로니우스가 쓴 《원추곡선론*Conics*》에 대한 것이다. 이 책은 두 개의 원뿔을 평평한 면으로 자를 때 세 가지의 중요한 곡선 모양(타원, 포물선, 쌍곡선)이 어떻게 나타날 수 있는가를 다루었다. 자르는 평면과 밑면이 이루는 각이 모선과 밑면이 이루는 각보다 작을 때, 같을 때, 클 때에 따라서 서로 다른 모양이 나타난다. 이 과정에서 '모자라다ellipsis' '일치하다parabole' '남다hyperbole'라는 말을 사용하였는데, 이것이 오늘날 우리가 사용하는 타원ellipse, 포물선parabola, 쌍곡선hyperbola의 어원이 되었다.

타원은 원자 안에서 전자가 이동하는 경로나 태양의 주위를 도는 한 행성의 궤도를 그릴 때 나타난다. 포물선은 손전등의 반사경과 다리 위에 매달려 축 처진 케이블을 디자인하기 위하여 사용된 모양이다. 쌍곡선은 동력장치(로켓이나 자동차)의 냉각탑 디자인에 사용되고 있다. 또한 몇몇 혜성의 경로를 설명할 때 사용되기도 한다. 세 곡선은 모두 안테나, 망원경 렌즈, 텔레비전 위성 접시의 디자인에 사용되고 있다. 원추곡선에 대해 히파티아가 주석을 쓰고 난 후 1300년 동안 데카르트나 뉴턴, 라이프니츠 등의 연구 성과가 나올 때까지 이 분야에서는 더 이상 발전이 없었다.

존경받는 여성 수학자

히파티아는 자신의 수학 저서들이 많은 관심을 받게 되면서 훌륭한 연설가이자 교사로 명성을 더해갔다. 그녀는 수학과 철학에 대한 공개 강연 및 비공식 강의를 했다. 가르치거나 연설을 할 때 히파티아는 당시의 철학자들이 입었던 전통 복장인 길이가 길고 폭이 넓은 옷을 입었다. 그녀는 학생들에게 다양한 시각을 가질 것을 강조하고 논쟁의 여지가 있는 문제들에 대해서도 관심을 갖도록 가르쳤다. 그녀의 철학 강의는 사람들이 지식을 추구하도록 격려하고, 정신적 측면의 개발을 강조하며, 플라톤적 사고와 논리학 및 물리적 세계의 분석을 강조한 아리스토텔레스의 사고를 통합한 것이었다.

무제이온에서 교사로 유명해진 후, 히파티아는 알렉산드리아의 또 다른 학파인 철학에 대한 신新플라톤 학파의 대표자가 되었다. 신플라톤주의자들은 신체의 물리적 세계가 아닌 정신과 영혼의, 보다 고도의 정신적 세계에 초점을 맞추는 것이 삶의 목적이라고 믿었다. 히파티아의 가르침을 받고 연설을 듣기 위하여 여러 나라에서 알렉산드리아를 방문했다. 그녀의 집과 학교는 토론을 하고 수학과 철학을 배우기 위해 사람들이 모이는 장소가 되었다.

히파티아가 살았던 시대에 알렉산드리아의 많은 여성들은 높은 수준의 교육을 받았지만, 소수의 여성들만이 연구 기관에서 가르칠 수 있었으며 전공 분야에서 지도자가 되는 경우는 거의 없었다. 히파티아는 수학과 철학 연구를 통해 존경받는 지도자가 되었으며 지식을 선도하는 위치에 있었다.

히파티아는 거주 지역에서도 존경 받았다. 알렉산드리아 시민들은 그녀가 정부 관리에 맞서 빈곤층을 대변하는 등 관대하고 선량하며 사람들에게 관심이 많다는 것을 알고 있었다. 그녀는 평생 독신으로 자유롭게 살면서 책을 쓰고, 가르치며 자선을 베푸는 데에 일생을 바쳤다.

히파티아는 실용적인 기술을 지닌 유능한 과학자이기도 했다. 프톨레마이오스의 주교인 쉬네시우스를 위하여 과학 도구를 설계해 주었으며, 히파티아와 주고받은 편지에는 그녀가 만들어 준 천체 관측기구astrolabe와 액체비중계hydrometer의 설계에 히파티아가 고마움을 표시한 부분이 있다. 천체 관측기구는 항해사들이 배의 위치를 알아내기 위하여 별의 위치를 관측하는 도구였다.

히파티아가 천체 관측기구를 처음으로 발명한 것은 아니었다. 그것은 이미 100여 년 전부터 사용되어 오고 있었다. 과학자이자 교사였기 때문에 히파티아는 천체 관측기구를 만들고 사용하는 법에 대한 설명서를 동료에게 명료하게 설명할 수 있었다. 액체비중계는 물이 아닌 액체가 같은 부피의 물과 비교하여 얼마나 무거운지를 측정하는 도구였다. 역사학자들은 아마도 그녀가 건강 문제를 진단하거나 자신의 약들을 섞기 위하여 액체비중계를 사용했을 것이라고 추측하고 있다.

비극적인 죽음

5세기 초 알렉산드리아는 급격한 사회적 변화를 맞이하고 있었다. 무제이온이나 도서관의 수많은 책, 학문 중심 문화는 더 이상 이집트를 통치한 로마인들이나 알렉산드리아의 주민들에게 중요한 일이 아니었다. 권력 유지에 혈안이 되어 있던 정치 지도자들은 히파티아의 집에서 열리는 비밀 회합과 학교에서의 강의, 도시 곳곳에서의 군중 대상 연설을 들은 많은 열광적 추종자들에게 위협을 느꼈다. 이 지역의 기독교와 유대교 지도자들은 그녀의 수학적이고 과학적인 사고방식이 자신들의 종교적 가르침을 부인하고, 그녀의 철학적 사고가 자신들의 추종자들을 현혹한다고 생각했다.

히파티아의 비극적 죽음을 묘사한 작품.

415년 히파티아는 키릴로스가 이끄는 기독교 집단과 알렉산드리아 제독인 오레스테스의 지지자 사이에 벌어진 분쟁에 휘말렸다. 두 집단의 많은 구성원들이 폭력적인 죽음을 겪으면서 분쟁은 절정에 달했다.

히파티아는 연설을 하기 위해 마차를 타고 알렉산드리아 거리를 통과해 가던 도중에 화난 군중들에게 둘러싸이게 되었다. 그들은 그녀를 끌어내려 때리고 히파티아의 옷을 벗긴 뒤 몸을 찢어 태웠다. 분쟁은 곧 수습되었지만 어느 누구도 이 폭력적인 사건을 일으킨 혐의로 체포되지 않았으며 처벌받지도 않았다.

남성 지배적인 문화에서 지성을 갖춘 여성의 최후

히파티아가 사망한 뒤 알렉산드리아는 학문의 중심지로서의 위치를 점점 상실하게 되었다. 그녀가 살해된 후, 많은 학자들이 도시를 떠나 아테네나 다른 학문의 중심지로 이주했다. 이후 10년에 걸쳐 침입자들과 반항적인 시민들은 대학 건물에 쳐들어가 도서관을 파괴하고 대중목욕탕의 물을 데우기 위해 많은 책을 불태웠다. 그래서 테온과 히파티아의 《원론》의 개정판, 디오판토스의 《산학》, 톨레미의 《*handy tables*》, 아폴로니우스의 《원추곡선론》에 대한 히파티아의 주석서는 학자들이 동쪽에 위치한 도시로 가져가 아리비아어로 번역한 사본만이 남아 있을 뿐이며 그녀가 저술했을 것이라 여겨지는 철학 책들은 전혀 남아 있지 않다.

히파티아가 남성 지배적인 문화 속에서 지성을 갖춘 여성이었다는 사실과 그녀가 맞이한 비극적인 죽음은 수 세기에 걸쳐 역사학자들과 작가들에게 다양한 이야깃거리가 되었다. 5세기, 7세기, 10세기의 역사 교과서는 그녀의 생애와 죽음, 수학과 철학에서의 업적을 주로 다루고 있다.

1851년 영국 소설가 찰스 킹슬리는 소설《히파티아》에서 그녀의 생애와 극적인 죽음을 표현했으며 1908년 알버트 허바드의 책《위대한 교사들의 고향으로의 짧은 여행》과 같은 소품집에는 간단하게 그려진 그녀의 초상화가 들어 있다.

1980년대 현대 학자들은 철학과 여성들의 연구 주제에 대하여 여성들이 쓴 학문적 논문을 싣는 저널 〈히파티아〉를 만들기도 했다.

아리아바타 1세

최초로 알파벳 기호를 사용한 수학자

아리아바타는 수학과 천문학에 대한
매우 영향력 있는 책 《아리아바티야》를 썼다.

- 아리스토텔레스

알파벳 숫자에서 지구 자전까지

아리아바타는 인도의 수학자이자 천문학자로 당시의 초기 수학과 천문학을 바탕으로 《아리아바티야》라는 책을 썼다. 그는 인도 알파벳의 자음과 모음을 조합하여 큰 수의 표기 체계를 만들었으며, 세제곱근의 계산 방법 및 수열의 합을 계산하는 공식, 일차부정방정식의 대수적 해법 등을 제시했다. 그가 계산하여 정리한 사인(sin)표와 원주율 π의 값은 수 세기에 걸쳐 사용되어 왔다. 또 그는 지동설을 주장하여 논쟁을 불러일으켰으며, 1년의 길이를 정확히 제시하고, 행성의 궤도를 계산하는 공식을 만들었다. 그리고 1975년 인도에서는 그의 업적을 기려 첫 번째 인공위성에 아리아바타란 이름을 붙여 하늘로 날려 보냈다.

아리아바타는 476년 인도에서 태어났지만 태어난 장소는 확실하지 않다. 그는 인도 북부의 수학 중심지인 쿠수마푸라에서 살면서 학생들을 가르쳤으며, 굽타 왕조의 통치자의 임명을 받아 나란다 대학의 총 책임자로 지내기도 했다. 그를 아라비아타 1세라 하는 이유는 4세기 후에 탄생한 같은 이름을 가진 수학자와 구분하기 위한 것이다.

아리아바티야

아리아바타는 23세에 처음으로 《아리아바티야》라는 수학과 천문학 책을 썼다. 이 책은 이전부터 전해 내려오던 전통적인 이론들과 새롭게 발견한 지식을 요약하여 다루었다. 책은 2행을 1연으로 한 118개의 2행시를 4장으로 구성했다. 2행시를 이용하는 이런 방법은 여러 세대에 걸쳐 수학자들과 천문학자들이 수 세기 동안 구전으로 정확하게 원문을 보전하기 위해 활용한 일반적인 방법이었다. 10개의 2행시로 구성된 제1장에는 천문 상수의 목록을 제시하였으며 수를 나타내기 위한 알파벳 체계를 설명하고, 그리스에서 들여온 사인표가 들어 있다. 33개의 2행시로 된 제2장은 주로 수학을 다루고 있으며 산술, 기하, 대수, 삼각법의 다양한 문제들을 해결하기 위ㄴ한 66가지의 방법을 다루고 있다. 여기에는 수열의 합, 넓이와 부피 구하기, 일차방정식의 풀이, 사

인각을 알기 위한 사인 차 이용 등이 포함되어 있다. '시간을 셈하는 것에 대하여'라는 제목의 25개의 2행시로 된 제3장에서는 시간의 인도식 눈금에 대하여 설명하고 있으며, 행성의 위치를 계산하는 방법을 다루었다. 50개의 2행시로 된 마지막 장은 '구에 대하여'라는 제목이 붙어 있으며 천체 이론과 행성궤도 및 일식을 계산하는 데 필요한 삼각법의 성질들이 들어 있다.

《아리아바티야》는 인도에서 가장 오래된 책인 동시에 완벽한 인도 고전 천문학 및 수학에 대한 책이다. 이 책이 나오기 전에는 학자들은 사원의 설계나 제단의 측정 및 건조와 관련된 기하학적 지식을 다룬 많은 술바수트라스sulbasutras를 썼다. '술바sulba'는 측정용 끈을 말하고 '수트라sutra'는 종교적 의식이나 과학 지식에 관한 법칙 또는 격언을 적은 책을 의미한다.

2세기 무렵에 술바수트라스 시대가 막을 내리고 싯단타스siddhantas 시대가 이어졌다. 싯단타스는 일종의 천문학 논문인데 학자들은 그것으로 행성 궤도를 알아내고, 천체에서 발생하는 일을 예언하는 방법에 대하여 설명했다. 아리아바타는 이 풍부한 책들에서 가장 중요하고 유용한 자료들을 간결하게 요약하여 제시하였으며, 자신이 연구한 방법과 이론들을 수학과 천문학에 통합시켰다.

《아리아바티야》는 5세기 후반의 인도 수학과 천문학의 발전 과정을 나타냄과 동시에 인도와 아라비아 제국의 수학과 천문학 발전에 큰 영향을 미쳤다. 6세기부터 16세기에 걸쳐 인도 학자들은 아리아바타의 책을 상세히 설명한 다수의 주석서를 썼으며, 그의 논문을 바탕으로 한 많은 책들도 발표했다. 교사들과 학자들은 일부 기하 공식과 천문학 이론들을 수정, 보완하면서 천 년 동안 그 책을 계속 사용했다.

아리아바타를 'Arjabhar'로 부른 아라비아 학자들은 8세기에 그의 논문을 아라비아어로 번역하여 《*Zij al-Arjabhar*》라는 제목을 붙였다. 바그다드의 학문 연구소인 '지혜의 집'의 수학자들과 천문학자들은 이 번역서에 매료되어 논문을 작성할 때 참고하기도 했다. 지혜의 집은 7대 칼리프인 알 마문 시대에 사빗 아븐 쿠라에 의해 바그다드에 세워졌다. 이곳에서는 천문학자, 수학자, 번역자 등이 모여 주로 그리스 과학서를 번역하였으며 그 결과 아리스토텔레스, 에우클리데스, 프톨레마이오스, 히포크라테스, 갈레노스 등의 주요한 저작이 거의 다 번역되었다.

알파벳 기호 체계와 여러 가지 계산법의 발견

아리아바타가 10^{53}과 같이 지수가 큰 거듭제곱을 다루고, 알파벳을 사용하여 수를 나타낸 것은 당시에 매우 획기적인 일이었다. 그는 1, 2, 3, … , 25, 30, 40, 50, 60, 70, 80, 90, 100을 표현하기 위하여 인도 알파벳의 33개 자음을 사용했다. 이들 수보다 더 큰 수 1000, 10000, …과 같은 10의 제곱수를 나타낼 때에는 자음 뒤에 모음을 붙여 10^{18}까지 나타내었다. 그는 이전부터 전통적으로 표기해 오던 사하스라sahasra(10^3), 아유타ayuta(10^4), 니유타niyuta(10^5)와 같은 명칭을 사용했다. BC 1000년경의 고대 베단타 학파가 그 뿌리를 두고 있는 베다 경전의 한 종류인 《아타르베다Atharveda》에는 10^{12}까지의

10의 제곱수의 명칭이 들어 있으며, 기원전 1세기경의 부처님 탄생에 관해 가장 자세하게 언급하고 있는 경전 중 하나인 《라리타비스타라 Lalitavistara》에는 10^{53}까지의 10의 제곱수의 명칭이 들어 있다. 당시에 인도인들은 지수가 큰 10의 제곱수가 나타내는 양에는 익숙하였지만 그 양을 기호로 나타내어 표기한 것으로 가장 오랫동안 알려져 온 것은 아리아바타의 알파벳 기호 체계라고 할 수 있다.

책의 뒷부분에서 아리아바타는 1에서 9까지의 숫자들에 0(zero)을 나타내는 기호들로 이루어진 10진 기호 체계를 사용하여 계산을 했다. 그는 이 수 체계를 사용하여 큰 정수의 제곱근과 세제곱근을 쉽게 구하는 방법을 생각해내었다. 또 $a+(a+d)+(a+2d)+\cdots+(a+(n-1)\cdot d)$와 같이 등차수열의 합을 구하는 식을 소개했다.

그는 다음과 같이 수열의 가운데 항을 구하고, 이 항을 이용하여 등차수열의 합을 계산하는 방법을 설명했다. 또 다른 방법으로 첫 번째 항과 마지막 항을 더한 값에 항의 개수의 $\frac{1}{2}$을 곱하여 합을 계산하기도 했다. 뿐만 아니라 수열의 합과 첫 번째 항, 공차를 알 때 그 수열의 항의 개수를 구하기 위한 식에 대해서도 다루었다. 아리아바타는 책에 정확한 식을 쓰지는 않았지만 이에 대해 설명하는 과정을 살펴보면 그가 2차방정식을 풀기 위해 근의 공식을 어떻게 이용하는지를 알고 있었음을 확인할 수 있다.

$$M=\left(\frac{n-1}{2}\right)\times d+a$$

(a : 첫 번째 항의 값, d : 공차, n : 항의 개수)

$$S=M\times\frac{n}{2}=[(a)+(a+(n-1)d)]\times\frac{n}{2}$$

아리아바타는 등차수열의 가운데 항을 구한 다음 이것을 이용하여 이 수열의 합을 구했다.

등차수열을 다룬 다음 그는 다른 유형의 수열에 대한 합을 구하는 공식을 다루기도 했다. 그는 등비수열의 합을 구하는 공식을 설명하기 위하여 복리계산법을 사용했다. 먼저 처음 n개의 양의 정수들의 합에 대한 공식 $1+2+3+\cdots+n=\frac{n(n+1)}{2}$을 다룬 다음 그는 제곱의 합 $1^2+2^2+3^2+\cdots+n^2=\frac{n(n+1)(2n+1)}{2}$과 세제곱의 합 $1^2+2^2+3^2+\cdots+n^2=\left(\frac{n(n+1)}{2}\right)^2$을 구하는 방법에 대해서도 다루었다. 그는 책에서 타당한 증명이나 논리적 근거를 제시하지 않은 채 공식이나 예들을 설명했다.

도형의 넓이와 부피 공식, π값 계산

아리아바타는 도형의 넓이와 부피를 구하는 공식에 대해 다루었다. 그는 삼각형의 넓이는 밑변의 길이(b)와 높이(h)의 곱의 절반, 즉 $A=\frac{1}{2}bh$로 구하였으며, 원의 넓이는 바빌로니아와 중국의 책에서 인용하여 원의 둘레의 길이(C)의 반과 지름(d)의 절반의 곱, 즉 $A=\left(\frac{C}{2}\right)\left(\frac{d}{2}\right)=(\pi r)(r)=\pi r^2$을 이용하여 구했다. 사다리꼴의 넓이는 서로 평행한 두 변의 길이의 합(b_1+b_2)의 절반과 그 두 변에 수직인 선분의 길이(h)의 곱 $A=\frac{1}{2}(b_1+b_2)h$를 이용하여 구했다.

그는 넓이를 구하는 식과는 달리 3차원 도형의 부피를 구하는 부분에서는 잘못된 식을 제시했다. 구의 부피는 대원의 넓이와 이 넓이의 제곱근의 곱, 즉 $V=\pi r^2 \cdot \sqrt{\pi r^2} \approx 1.77\pi r^3$으로 나타내었는데, 이것은 실제의 값인 $V=\frac{1}{2}\pi r^3 \approx 1.33\pi r^3$과는 약간의 차이가 난다. 피라미드의 부피는 밑면의 넓이(B)와 높이(h)의 곱의 절반, 즉 $V=\frac{1}{2}Bh$로 나타내었는데, 이것 역시 잘못된 것으로, 정확한 식은 $V=\frac{1}{3}Bh$이다. 아리아바타가 정확한 식과 잘못된 식을 혼합하여 나타내자 후세 학자들은 이 책을 길가의 흔한 자갈과 값비싼 보석을 모아놓은 것과 같다고 평가하기도 했다.

또 이 책에서 아리아바타는 원주율 π의 값에 대하여 세 가지의 서로 다른 값을 나타내었다. 그는 지름이 20,000인 원의 경우 약 62,832의 둘레를 가지고 있다고 했다. 이 비는 소수점 아래 네 번째 자리까지 정확하게 구하면 $\pi=\frac{C}{d}\approx\frac{62832}{20000}=3.1416$의 값이 나온다. 이 값은 알렉산드리아의 점성술사 바울의 책에서 상당 부분 인용한 파울리사 싯단타Paulisha Siddhanta에서 π의 값으로 사용한 $3\frac{177}{1250}=3.1416$과 같다. 이 값은 톨레미가 사용한 어림값 $3\frac{17}{120}=3.1416$과 매우 유사하며 보다 정확히 계산한 것이었다. 수학자들은 아리아바타가 π의 값을 분수 $\frac{62832}{20000}$로 나타낸 것은 π의 정확한 값이 두 정수의 분수로 표현될 수 없는 무리수임을 이해하고 있었음을 표현한 것으로 해석하는가 하면, 한편으로는 π의 값에 대한 발견의 공을 그에게만 돌리는 것을 꺼려했다. 책의 후반부에서, 그는 두 번째 π의 값인 $\frac{C}{d}=\frac{21600}{2\cdot 34538}$을 제시했다. 이것은 반지름이 3,438이고 둘레의 길이가 21,600인 원을 이용하여 구한 값으로, 이것을 사용하여 삼각법과 관련된 여러 가지 계산법을 만들기도 했다. 세 번째로 제시한 값은 이전의 여러 책들에서 인용되고 인도인들이 자주 사용함으로써 '인도인의 값'으로 알려진 $\sqrt{10}\approx 3.1623$이다. 첫 번째의 분수를 사용하여 π의 값을 나타낸 후에도 비교적 정확하지 않은 두 어림값을 사용한 것은 논문이 다소 오류를 담고 있다고 볼 수 있다.

《아리아바티야》에서 그는 사람의 시선을 나타내는 선분을 사용하여 닮은 삼각형을 만들고, 이 닮은 삼각형과 그노몬이라 부르는 수직 막대를 사용하여 거리를 구하는 방법에 대하여 설명했다. 예를 들어, 땅 위에 일정한 거리만큼 떨어진 곳에 길이가 같은 두 개의 그노몬과 꼭대기에 광원이 달려 있는 막대를 일렬로 배치시켜 광원에 의해 그노몬의 그림자가 생기도록 한다. 아리아바타는 그림자의 길이와 두 그노몬 사이의 거리가 주어질 때 광원이 달려 있는 막대의 높이와 첫 번째 그노몬까지의 거리를 구하는 방법을 설명했다. 보통 수학 관련 책을 쓰는 저자들은 이것과 비슷한 문제들을 책에 싣는다. 그것은 이 방법이 빌딩을 건축하고 땅을 구획하는 데 폭넓게 응용되기 때문이다.

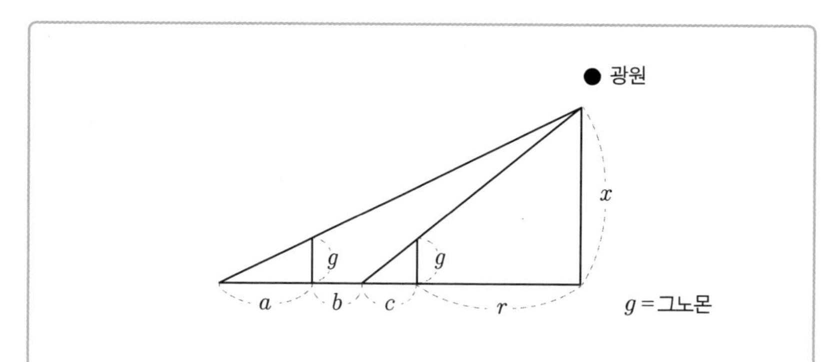

아리아바타는 닮은 삼각형과 그노몬을 사용하여 거리를 구하는 기하학적 기법을 기술했다.

사인(sin *e*)표

아리아바타는 5세기 인도에서 널리 사용되고 있던 작도와 사인표의 사용, 삼각법 개념의 확립에 큰 공헌을 했다. 기원전 140년경에 활동한 고대 그리스 천문학자 히파르쿠스Hipparchus의 책에는 반지름의 길이가 3438인 원의 여러 중심각에 대해서 현의 길이를 계산하여 나타낸 현표가 실려 있다고 한다. 고대 천문학자들은 행성들이 원 궤도를 따라 움직인다고 생각했기 때문에 원의 현에 대하여 많은 관심을 가지고 있었다. 5세기 초 인도에서는 싯단타스siddhantas라는 다섯 권의 천문학 책들이 만들어졌는데, 이 책들에는 '쟈jya'라고 부르는 '현의 반'의 길이를 나타낸 반현표를 만들어 사용했다. 이 표에 실린 값은 반지름의 길이가 3,438인 원에서 각 중심각의 크기를 2배로 한 중심각의 현의 길이를 재어 그 절반을 나타낸 것이다. '쟈'는 아라비아인들에 의해 단순한 음차로 '지바[jiba]'로 전해졌으며 아라비아에서는 '자이브[jaib]'로 표기했다. 이 인도의 사인표는 아라비아를 거쳐 유럽으로 건너갔다. 유럽 수학자들은 이 단어를 'sinus'라는 라틴어로 번역하였으며 후에 수학자 군트에 의해 'sin'으로 불리게 되었다. 결국 사인값과 원의 현의 길이는 현대 삼각법의 시초가 되었다고 할 수 있다.

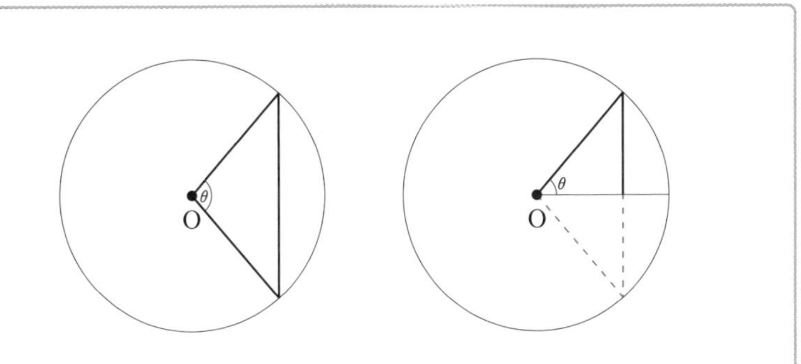

아리아바타는 구하고자 하는 중심각의 현을 구하기보다는 2배 크기의 중심각에 대한 현의 길이를 잰 다음 그 길이의 절반을 계산했다.

책의 서문에서 아리아바타는 사인 차[Sine Differences]를 계산하고, 이를 이용해 0°에서 90° 사이의 각을 $3\frac{3}{4}^\circ$만큼씩 24등분한 각의 사인값을 계산했다. 0°에서 90° 사이의 각을 24등분하면 다음과 같이 나누어진다.

$$\theta_1=\frac{90^\circ}{24}=3\frac{3^\circ}{4},\ \theta_2=7\frac{1^\circ}{2},\ \theta_3=11\frac{1^\circ}{4},\ \cdots,\ \theta_{24}=90^\circ$$

위의 24개의 각에 대하여 n번째 각의 사인값을 $\sin(\theta_n)$, n번째 사인 차를 D_n으로 나타내고 사인표에서 다음 항을 구하기 위해서 식 $\sin(\theta_n)=D_1D_2+\cdots+D_n$이나 $\sin(\theta_n)=\sin(\theta_{n-1})+D_n$을 사용했다. 또 24개 각의 사인값을 직접 계산할 수 있는 식으로 $\sin(\theta_n)=\sin(\theta_{n-1})+\left[\sin(\theta_1)-\frac{\sin(\theta_1)+\cdots+\sin(\theta_{n-1})}{\sin(\theta_1)}\right]$을 이용하기도 했다. 이 공식을 이용하여 $\sin 7\frac{1^\circ}{2}=449$, $\sin 11\frac{1^\circ}{4}=671$을 비롯하여 $\sin 90^\circ=3438$을 구하여 수표數表에 정리했다. 또 수표에는 현재 $1-\cos\theta$의 값에 해당하는 부채꼴의 현과 호의 각 중점을 이은 선분의 길이를 계산하여 수록했다.

이 24개의 각의 크기에 대한 사인값, 사인 차, $1-\cos\theta$값을 나타낸 표는 아리아바타의 사인표로 알려지게 되었으며, 훗날 수학과 천문학에 관한 여러 책에서도 발견되었다.

대수학의 진보

5세기 인도에서 수학은 대부분 산술, 기하, 삼각법에 관한 것이었다. 아리아바타는 방정식의 대수적 풀이법에 대해서도 관심을 갖고 연구했다. 행성 궤도의 주기에 대한 연구는 a, b, c가 정수인 일차부정방정식 $ax+by=c$꼴의 풀이와 관련이 있었다. 《아리아바티야》에는 이미 알려져 있는 이들 방정식에 대한 체계적인 대수적 풀이법들이 실려 있다. 앞서 고대 그리스 수학자 유클리드와 디오판토스의 풀이법을 바탕으로 하여 그는 원래의 일차방정식을 보다 간단한 형태의 방정식으로 변형시키는 유클리드 알고리즘을 사용하여 부정방정식을 풀었다. 방정식을 보다 단순한 형태의 다른 방정식으로 계속 변형시키는 이 방법은 '분쇄기'라는 의미를 지닌 쿠타카kuttaka로 점점 알려지게 되었다. 이 부정방정식과 관련하여 아리아바타는 가장 작은 양의 정수해만을 구하려 한 반면, 7세기에 활동한 수학자 브라마굽타는 최초로 음의 해를 제외한 일반적인 해법을 소개하였으며, 음수의 해까지 확실히 제시한 수학자는 바스카라였다.

지구는 자전한다!

아리아바타가 책의 일부인 고라파다Golapada 절에서 다룬 천문학 이론은 당시에 많은 논쟁을 불러일으켰다. 사람들은 보편적으로 많은 사람들에게 알려져 있던 내용인, 지구가 둥글고 지구가 우주의 중심에 있다는 것에는 동의했다. 하지만 지구가 움직이지 않고 정지해 있다는 생각에 대해서는 의문을 제기했다. 아리아바타는 별들이 동쪽에서 서쪽으로 도는 것처럼 보이는 것은 축을 중심으로 지구가 회전하고 있기 때문이라는, 당시로서는 파격적인 주장을 했다. 아리아바타는 이 상황을 사람이 보트를 타고 강을 따라 내려갈 때 강변에 정지해 있는 물체가 반대 방향으로 이동하고 있는 것처럼 보이는 것과 같은 원리라고 설명했다. 지구가 축을 중심으로 서쪽에서 동쪽으로 회전하기 때문에 상대적으로 하늘에 고정되어 있는 별들이 반대 방향으로 이동하는 것처럼 보인다는 것이다.

지구가 자전한다는 이론은 큰 파장을 불러일으켰다. 이후 수십 세기

동안《아리아바티야》 주석서를 쓴 학자들은 이 부분을, 지구가 정지해 있다고 주장하는 종교와 과학계의 이론에 맞게 고쳐 썼다.

아리아바타는 지구가 자전함으로써 관찰자에 따라 별들과 태양을 다르게 볼 수 있다고 주장했다. 즉 북극에 서 있는 사람과 남극에 서 있는 사람이 별을 관찰할 경우 두 위치에서 그 별은 뜨고 지는 방향이 서로 반대이며 관찰되는 부분도 별의 서로 다른 반쪽을 보게 된다. 또 적도에서는 항상 하루의 딱 절반 동안만 태양을 볼 수 있지만 두 극에서는 여섯 달 내내 태양을 볼 수 있으며 달에서는 음력 한 달의 반에 해당하는 기간 동안 태양을 볼 수 있다.

아리아바타는 우주에 대한 일반적인 통념 – 태양과 달, 행성들이 지구의 둘레를 돈다는 – 을 받아들였다. 그는 각 천체들이 지구 주위로 원운동을 하면서 다시 그 자리에서 작은 원운동을 하는 주전원 궤도 이론을 수용했다. 그는 공전궤도가 원일 때 평균 황경인 큰 궤도상에서의 각 행성의 위치와, 공전궤도가 타원일 때 진황경眞黃經에서의 주기적인 편차를 구하기 위해 복잡한 식을 세우기도 했다.

힌두교에 따르면, 우주에서의 한 주기는 다음과 같다. 모든 천체가 서로 다른 궤도를 따라 이동하여 일렬로 배치되는 데 걸리는 시간을 인도인들은 1마하유가mahayuga라 불렀다. 그런데 아리아바타는 1마하유가의 길이로 432만년을 생각했다. 또 이 기간에 지구는 1,582,237,500회를 회전하며, 달은 지구를 57,753,336회 회전할 것이라고 제안했으며, 각 마하유가 기간에 수성, 금성, 화성, 목성, 토성의 회전수를 자세히 나타내었다. 그는 이 값들의 비를 계산해 1년의 길이를 365일 6시간 12분 30초로 나타내고 음력 한 달의 길이는 27일 9시간 30분 55초로 나타내었다. 그러나 아리아바타는 이 비를 계산할 때 이용한 수들을 남겨놓지 않아 천문학자들은 어떻게 1년의 길이와 음력 한 달의 길이를 알게 되었는지를 확인하지 못했다.

《아리아바티야》에서 다룬 2개의 천문학에 관한 절에서 아리아바타는 여러 가지 현상들에 대해서도 정확하게 설명했다. 그는 태양과 별들은 빛을 발산하지만 달과 행성들은 태양에 의해 반사된 빛에 의해 비춰진다고 했다. 이런 생각을 바탕으로 그는 달, 지구, 태양이 일직선으로 놓이는 월식 때 달이 지구의 그림자로 인해 보이지 않는다고 설명하였으며, 마찬가지로 달이 태양과 지구 사이에 위치할 때에도 지구 위에 드리워진 달의 그림자에 의해 일식이 발생한다고 설명했다. 또 각 천체의 주기를 계산하고 이것을 이용하여 궤도의 반지름을 계산했다.

550년 아리아바타는 수학과 천문학에 관한 두 번째 책《아리아바타 싯단타》를 썼다. 이 책에서 그는 하루의 길이를 일출 시각에서 다음 일출 시각까지 측정한 결과 그 길이가 매일 같지 않다는 것을 관찰하고 길이가 같도록 밤 12시에서 밤 12시까지 측정하자고 제안했다. 또 이전에 출간된 책들에 나타난 값들을 수정하여 행성들 사이의 거리와 평균 운동에 대한 새로운 값을 구했다. 현재는 사본조차도 남아 있지 않아 이들 두 가지 내용 외에 다른 것들에 대해서는 확인할 수가 없다.

인공위성 아리아바타

인도와 소련의 과학자들은 3년에 걸친 공동 작업 끝에 360kg 무게의 인공위성을 만들었다. 1975년 4월 19일 인도 정부와 과학자들은 첫 번째 무인 인공위성에 아리아바타의 이름을 붙여 하늘로 날려 보냈다. 93분마다 지구궤도를 한 바퀴 도는 이 위성에는 X선 천문학, 태양물리학, 대기물리학에 관한 연구를 수행하기 위한 장비가 실려 있다. 궤도를 돌기 시작한 지 5일째 되던 날 전기 동력장치의 고장으로 과학 연구용 장비의 전원이 꺼졌으나 그동안에 유용한 자료를 수집했다.

인도의 학자들이 10세기가 넘게 《아리아바티야》를 잘 보존해온 것은 수학과 천문학에 대한 이 걸작의 가치를 보여준다. 아리아바타의 큰 공헌은 최초의 알파벳 기호 체계와 지구 자전 이론과 관련이 있다. 또 사인표의 사용, 방정식의 대수적 풀이법, 보다 정확한 π값 계산, 행성 운동의 정밀한 비율과 당시의 다른 진전된 수학적, 천문학적 착상들을 촉진시켰다.

브라마굽타

음수와 0에 대한 체계화된 산술을 처음 시도한 수학자

브라마굽타는 음수의 산술 계산, 원에 내접하는 사각형, 반복 계산법과 같은 수학의 여러 분야에 관한 책을 썼다.

수치 해석의 아버지

인도의 천문학자이자 가장 유명한 수학자 중 한 사람인 브라마굽타는 천문학, 산술, 대수, 기하, 수치해석학의 발전에 큰 공헌을 했다. 천문학과 수학에 관한 두 권의 저서는 인도 전역에 걸쳐 널리 읽혔으며 인도 수 체계를 아라비아 세계에 알리는 데에 중요한 역할을 했다. 그 중 한 권은 산술 계산에서 음수와 숫자 0을 사용한 가장 오래되고 유명한 책이다. 그는 일차 부정방정식과 이차 부정방정식을 풀기 위한 대수적 방법을 개발하고 원에 내접하는 사각형에 관한 공식 및 정리를 만들었다. 또한 제곱근의 값을 어림하고 사인값을 추정하는 보간법은 수치해석학 분야의 길을 열었다. 수치해석학은 자연현상이나 공학 연구 과정에서 생기는 수학 문제를 컴퓨터를 이용해 해결하는 수학의 한 분야이다.

브라마굽타는 598년 인도의 북서부에서 태어났다. 이름 뒤에 붙은

'굽타gupta'는 그의 가문이 인도 카스트 제도의 농민이나 상인이 속한 서민 계급 바이샤에 속한다는 것을 의미한다. 그는 라자스단에 있는 아부산 근처의 빌라말라에서 생애 대부분을 보냈다. 인도 수학자들은 그를 빌라말라 출신의 교사라 하여 빌라말라카르야라고 불렀으며 그의 책에 주석을 달았다. 비아라무카 왕은 그를 궁정 천문학자로 임명하였으며, 훗날에는 당시 인도에서 수학과 천문학 연구를 이끄는 기관인 우자인 천문대의 책임자가 되었다.

브라마스푸타 싯단타

고대 인도에서도 이집트와 마찬가지로 측량사가 있었다. 그들은 술바수트라스, 즉 '끈의 법칙'으로 알려진 지식 체계를 이용하여 사원의 설계 및 제단 측정 · 건조를 담당했다. 이 지식 체계는 2세기 무렵에 천문학 체계인 '싯단타스' 시대로 이어졌다. 30세에 브라마굽타는 천문학과 수학을 주로 다룬《브라마스푸타 싯단타》라는 긴 제목의 책을 썼다. 이 책은 싯단타스 중 한 권으로 제목은 '브라마의 개정된 천문학 체계'라는 뜻을 지니고 있으며 '우주의 창조'로도 알려져 왔다. 싯단타스는 인도 천문학자들이 천체의 경로 및 위치를 구하는 방법뿐만 아니라 사인값을 정리하여 나타낸 표를 제시한 천문학 체계이다.

브라마굽타는 독자들이 쉽게 기억하도록 하기 위해 전통적인 운문 형태를 사용하여 산스크리트어로 책을 썼다. 그는 다른 저자들과 마찬가지로 이전의 책들을 인용하는가 하면 이미 알려져 있는 자료를 수정하거나 확장시켰다.

이 책은 모두 24장으로 구성되어 있으며, 25번째 장에는 몇몇 해설을 덧붙인 표가 실려 있다. 초판본에서는 처음 10개의 장을 썼으며, 나중에 14개의 장을 추가했다. 처음 10개의 장으로 알려진 다사드히아이Dasadhyayi에서는 천문학을 주로 다루고 있다. 1, 2장에서는 태양과 달 및 알려진 행성의 궤도에 대하여 다루고 있으며, 일반적인 경도와 실제의 경도를 구하는 방법이 실려 있다. 3장에서는 일주운동에 대한 세 가지 문제, 즉 각 천체가 연중 나타나는 위치, 운동 방향, 나타나는 시간을 구하는 문제를 풀기 위한 방법을 제시했다. 4, 5장에서는 일식과 월식을 예측하는 방법을 설명하고 있으며 6장은 별들이 태양의 뒤를 지나갈 때 별들이 보이고 나타나는 것을 알아내는 방법을 제시했다. 7, 8장에서는 달의 상과 주기를 예언하는 방법을 다루고 있으며 9, 10장에서는 행성들이 서로 일렬로 배치되거나 행성들이 주요 별들과 일렬로 배치될 때 나타나는 행성들의 합을 알아보는 방법을 담고 있다.

추가된 14개의 장에서는 천문학은 물론 수학에 대한 주제들도 함께 다루고 있다. 그는 전해 내려오는 천문학 책들을 조사하고 자료를 추가하여 초판본의 6개의 장을 보완하였으며 천문 관측기구의 사용에 관하여 다루고 전체 내용을 요약하면서 끝을 맺었다. 추가한 단원 중 4개의 장과 또 다른 장의 일부에서는 수학적 주제와 풀이법들을 주로 다루고 있다. '가니타(수학)'라는 제목을 단 12장은 산술과 기하에 관한 주제들을 다루고 있으며 18장은 '쿠타카(대수)'라는 제목 아래 몇몇 종류의 방정식을 풀기 위한 대수적 방법들을 다루고 있다. 19장에는 '산쿠-샤야-비즈나나(그노몬에 관하여)'라는 제목 아래 그노몬을 사용하여 거리를 구하는 삼각법적인 방법이 실려 있다. '샨다스(미터에 관하여)'를 제목으로 하는 20장에서는 측정 방법들을 더 추가하였으며, '고라(구에 관하여)'라는 제목의 21장의 7개의 2행시는 구면 삼각법에서 호의 측정과 다른 주제들을 다루고 있다.

여러 세대에 걸쳐 인도 천문학자들이 연구한 이론이나 지식, 방법들을 수집한 브라마굽타는 당시의 과학을 보다 발전시킬 수 있는 여러 가지 고안들을 제시했다. 또한 태양, 달, 행성들이 지구 주위를 돌고 있으며 지구가 우주의 중심이라는 전통적인 이론을 믿었지만 지구의 둘레의 길이를 36,000㎞(또는 22,500마일)로 계산하는 등 구 모양의 지구의 크기에 대하여 이전에 비해 보다 정밀한 계산을 하기도 했다.

그는 1년의 길이를 365일 6시간 5분 19초로 계산하였는데 이 값은 별의 운행을 기초로 한 항성년의 실제 길이인 365일 6시간 9분과는 약 4분 정도 차이가 난다. 항성년은 지구가 자신의 궤도를 따라 한 바퀴 도는 데 걸리는 시간을 말한다. 한편 브라마굽타는 천문학적 문제를 해결하기 위하여 세운 방정식들을 풀기 위해 대수적 방법을 주로 사용했다. 이것은 산술적이고 기하학적 방법에 대한 의존도가 높아 대수적인 방법의 사용을 제한해왔던 이전의 책들과는 대조적이었다.

인도 전역에 걸쳐 천문학자들은 브라마스푸타 싯단타를 공부하였으며, 이를 2세기 동안 권위있는 천문학서로 여겼다. 8세기 후반에 아라비아의 학자들은 이 책을 아라비아어로 번역하여 '지즈 알 신드힌드(인도의 천문표)'라는 제목을 붙였다. 이 책이 서양에 알려진 것은 1817년

콜부르크가 산스크리트어로 된 책을 영어로 번역하면서이다.

산술 계산에서 0과 음수를 사용하다

브라마굽타는 브라마스푸타 싯단타에서 수학의 다양한 이론과 해법들을 밀도 있게 다루었다. 그는 다른 책에서와 마찬가지로 여러 수학자들의 이론과 자신의 착상들을 결합하여 내용을 구성했다.

12장 가니타에서 브라마굽타는 '재산(양수)', '빚(음수)', '수냐(0)'를 계산하는 규칙을 제시했다. 0을 임의의 수에서 자신을 뺀 결과로 정의하고, 임의의 수에 0을 더하거나 또는 임의의 수에서 0을 빼면 그 수는 변하지 않으며 임의의 수에 0을 곱하면 0이 된다고 설명했다. 또 두 음수를 곱하면 양수가 되며, 0에서 음수를 빼면 양수가 된다는 규칙을 제시했다. 역사학자들은 브라마굽타가 0과 음수 개념을 발명했다는 것을 인정하지 않을 수도 있지만, 브라마스푸타 싯단타는 산술 계산에서 0과 음수가 나타난 가장 오래된 수학 책으로 수학 역사상 획기적인 업적 중 하나이다.

브라마굽타는 0을 0으로 나누면 0이 되는 경우와 임의의 수를 0으로 나누면 분모가 0인 분수가 되는 경우를 구별하고, 0에 의한 나눗셈을 다루기 위하여 산술 규칙을 확장시키려고 했다. 이 규칙은 12세기 인도 수학자 바스카라 2세가 무한의 개념을 도입할 때 비로소 잘못된 것임이 밝혀졌다. 이런 오류가 발견되었음에도 불구하고 수학자들은 브라마굽타가 0과 음수의 계산 규칙을 제시한 것에 대해 산술 이론을 진전시킨 매우 중대한 사건이라고 생각했다.

브라마굽타는 여러 가지 산술 계산법에 대해서도 다루었다. 342×617과 같은 두 수의 곱셈을 위한 네 가지 방법을 제시하였으며, 또 수열의 합 $1+2+3+\cdots+n$, $1^2+2^2+3^2+\cdots+n^2$, $1^3+2^3+3^3+\cdots+n^3$을 나타내는 공식이 $\frac{n(n+1)}{2}$, $\frac{n(n+1)(2n+1)}{6}$, $\left[\frac{n(n+1)}{2}\right]^2$임을 제시했다. 그는 분수에 대하여 연구를 하면서 비율을 찾는 어림셈 방법인 '비례산'을 이용하여 비례 문제를 해결하는 방법과 번분수를 간단히 나타내는 방법을 설명했다. 더불어 다양한 계산법을 설명하기 위하여 복리 및 다른 응용 문제들을 다루기도 했다.

8세기 후반에 아라비아의 학자들은 브라마스푸타 싯단타를 아라비아어로 번역하면서, 아라비아제국 전역에서 채택한 인도의 10진법이 특히 계산할 때 매우 수월하다는 것을 설득력 있게 설명했다. 그들은 '공허한' 또는 '텅 빈'이라는 의미의 인도어 '수냐sunya'를 '비어 있는' 이라는 뜻을 지닌 아라비아어 '시프르sifr'로 바꾸었다. 이를 유럽 수학자들은 라틴어인 '제피룸zephirum'으로 번역하고 나중에는 영어 '사이퍼cipher' 또는 'zero(0)'로 바꾸었다. 그러나 유럽 수학자들은 16세기가 되어서야 음수를 완전히 이해했으며 이 사실은 7세기 초 브라마굽타와 당시의 수학자들이 발견한 수학 이론이 얼마나 진전된 것이었는지를 보여주고 있다.

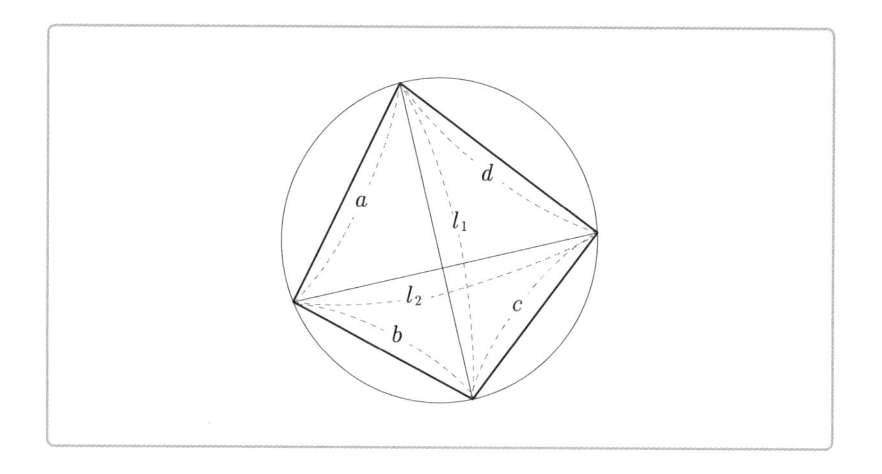

라마굽타 공식

브라마굽타는 여러 가지 계산법은 물론 기하학에 대한 내용도 함께 다루었다. 그는 원에 내접하는 사각형과 관련하여 새로운 세 가지 이론을 제시했다. 첫번째는 '브라마굽타의 공식'이라 알려져 있는 사각형의 넓이를 구하는 공식이었다.

사각형의 각 변의 길이가 a, b, c, d이고 s가 둘레의 길이의 절반 $\frac{1}{2}(a+b+c+d)$를 나타낸다면, 원에 내접하는 사각형의 넓이가 $\sqrt{(s-a)(s-b)(s-c)(s-d)}$와 같다는 것이다. 이 공식은 삼각형의 세 변의 길이만을 알고 있을 때 그 넓이를 구하는 그리스 수학자 '헤론의 공식'과 비슷하다.

두 번째는 원에 내접하는 사각형의 두 대각선의 길이를 계산하는 공식이다. 한 대각선 l_1의 길이는 $\frac{\sqrt{(ad+cd)(ac+bd)}}{(ad+bc)}$이고, 다른 대각선 l_2의 길이는 $\frac{\sqrt{(ad+cd)(ac+bd)}}{(ad+bc)}$라는 것이다. 그는 각 변의 길이가 $a=52$, $b=25$, $c=39$, $d=60$인 내접 사각형을 예로 제시하면서 넓이와 대각선의 길이 공식을 설명했다. 공식에 따라 구한 내접 사각형의 넓이는 1,764이고, 대각선의 길이는 $l_1=56$, $l_2=63$이다.

다음으로 그는 현재 대각선이 서로 수직인 내접 사각형에 적용하고 있는 정리를 증명 없이 진술했다. 브라마굽타의 정리로 알려져 있는 이 정리는 다음과 같다.

> 내접 사각형 ABCD에서, $\overline{\mathrm{AC}}$가 점 E에서 $\overline{\mathrm{BD}}$와 수직이면 점 E를 지나고 $\overline{\mathrm{AB}}$에 수직인 선분은 대변 $\overline{\mathrm{CD}}$를 이등분한다.

이 정리는 아래 그림에서 각 1, 2, 3, 4가 같고, 각 5, 6, 7, 8이 같다는 것을 보임으로써 바로 증명할 수 있으며, 인도 기하학에서 가장 주목할 만하고 그 우수성이 독보적이다.

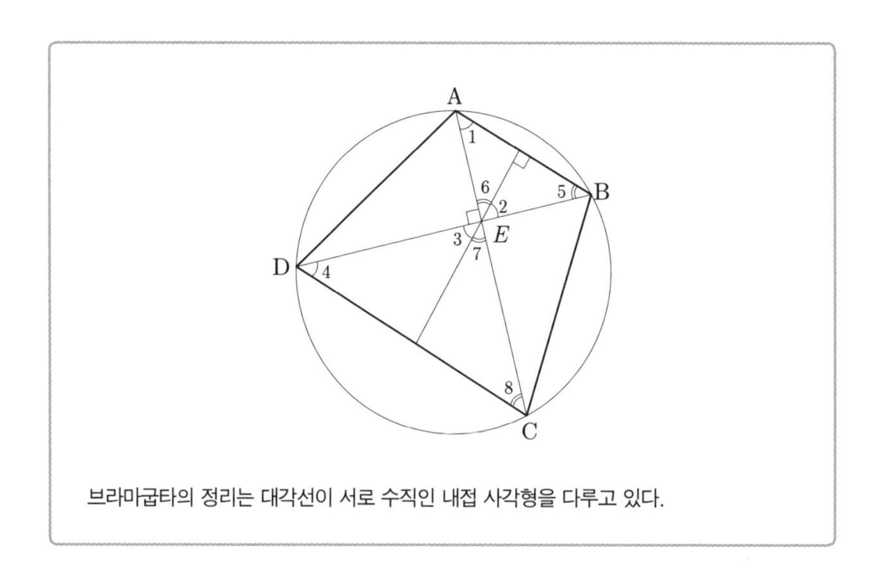

브라마굽타의 정리는 대각선이 서로 수직인 내접 사각형을 다루고 있다.

대부분의 역사학자들은 브라마굽타가 자신이 연구한 이론을 증명했으며, 제자나 동료 수학자들에게도 그것을 보였을 것으로 여기고 있다. 또 브라마스푸타 싯단타를 운문 형태로 구성함으로써 아마도 연구 이론 및 여러 가지 계산법들을 요약하여 제시할 수밖에 없었을 것이라 믿고 있다. 한편 일부 역사학자들은 브라마굽타와 당시의 수학자들이 많은 예를 통해 참임을 확인한 다음 이들 정리와 공식을 받아들였을 것이라고 주장하면서 전자의 입장에 대하여 이의를 제기하고 있다.

부정방정식의 해법

라마굽타는 18장 쿠타카에서 네 종류의 방정식을 푸는 보다 향상된 대수적 방법을 제시했다. '분쇄기'로 번역되는 쿠타카는 그가 적용한 방법들이 나타내는 효력과 유효성을 정확히 전달하고 있다. 브라마굽타는 빨간색, 녹색, 파란색 명칭의 첫 번째 문자를 사용하여 이차방정식의 두 근 중 한 개를 구하는 방법을 설명하였으며, 방정식 $ax^2+bx=c$의 한 근이 $x=\frac{\sqrt{4ac+b^2}-b}{2a}$임을 제시했다. 이것은 오늘날의 이차방정식의 두 근 중 하나와 일치하는 것으로, 이들 방정식을 풀면서 그는 음수와 무리수도 해로 인정했다.

브라마굽타는 정수 a, b, c에 대하여 일차부정방정식 $ax+c=by$의 일반해를 구하는 체계적인 과정을 최초로 제시했다. 무수히 많은 정수해를 갖는 이들 부정방정식은 행성 궤도의 주기와 같은 천문학의 문제를 해결하기 위하여 사용한 것이었다.

천문학자들은 값이 주어진 정수 a, b, d, e에 대하여 두 일차합동식 $N=ax+d$, $N=by+e$를 만족시키는 N의 값을 구하는 문제를 방정식 $ax+c=by$를 푸는 문제로 바꾸었다. 또 고대 그리스 수학자 유클리드와 디오판토스가 처음으로 만들고 5세기 아리아바타가 보다 진전시킨 방법을 다루면서, 그는 a와 b의 최대공약수를 구하기 위하여 유클리드 호제법을 사용했다. 그런 다음 방정식 $ax+c=by$의 해를 구하기 위하여 최대공약수를 구하는 과정에서 나타난 식을 이용했다.

브라마굽타는 이전 수학자들의 연구 결과를 확장하면서 $x=p$,

$y=q$가 방정식 $ax+c=by$의 한 특수해일 경우 임의의 정수 m에 대하여 $x=p+mb$, $y=q+ma$가 이 방정식의 모든 해가 됨을 밝혔다. 예를 들어 방정식 $137x+10=60y$의 한 특수해가 $x=10$, $y=23$일 때 $x=10+60=70$, $y=23+137=160$과 $x=10+2 \cdot 60=130$, $y=23+2 \cdot 137=297$ 역시 해가 되며, 이 외에 다른 해들을 구하는 방법을 설명하기도 했다.

그는 이들 일차 부정방정식을 해결하고 천문학적 기원을 조사한 후 모든 행성들이 4,320,000,000년마다 일렬로 배치된다는 이론을 주장했다. 인도의 몇몇 천문학자들은 칼파 또는 우주의 기본 주기 후에는 천체가 복사된 것처럼 세상의 일들이 다시 재현된다고 여겼다.

대수를 주로 다루고 있는 18장에서 브라마굽타는 정수 a, c에 대하여 $ax^2 \pm c=y^2$ 형태의 이차 부정방정식의 해를 제시했다. 그는 비록 일반해를 구하는 방법은 아니지만 예로 제시한 방정식의 무수히 많은 해를 구하는 과정을 설명했다. 브라마굽타는 동료 수학자들에게 이차 부정방정식 $92x^2+1=y^2$의 가장 작은 정수해를 구해 볼 것을 권하면서 만약 누군가가 1년 내에 이 문제를 해결한다면 충분히 수학자가 될 자격이 있다고 단언하기도 했다. 문제 제기 후, 그는 또 다른 이차 부정방정식 $92x^2+8=y^2$의 한 특수해 $x=1$, $y=10$을 알고 있는 상황에서 이 방정식의 또 다른 특수해 $x=120$, $y=1151$을 구하는 방법을 보이면서 자신의 해법을 설명했다.

그는 자신이 연구한 방정식의 해법을 적용함으로써 '브라마굽타의 방정식'이라 알려진 이 특별한 방정식은 물론, $x=3$, $y=10$

의 비교적 간단한 해를 갖는 이차 부정방정식 $11x^2+1=y^2$에서 $x=1,766,319,049$, $y=226,153,980$이 가장 작은 해에 해당하는 방정식 $61x^2+1=y^2$에 이르는 방정식의 특수해를 구할 수 있음을 보였다. 이런 형태의 모든 방정식에 대해서는 11세기 인도 수학자 아카리아 자야데바가 완벽한 해법을 제시했음에도 불구하고 600년 뒤 레온하르트 오일러가 수학자 존 펠과 브롱키의 이름을 혼동해 잘못 이름 붙히면서 펠의 방정식으로 알려지게 되었다.

브라마굽타는 이차 부정방정식의 해법으로부터 제곱근의 값을 어림하는 방법을 알아내었다. 그는 양의 정수 N의 제곱근의 값을 구하기 위해 방정식 $Nx^2+1=y^2$의 한 특수해를 첫 번째 값으로 하여 $x_i=2x_{i-1}+y_{i-1}$, $y_i={y^2}_{i-1}+N{x_{i-1}}^2$일 때 $\sqrt{N}\approx\frac{y_i}{x_i}$가 되도록 하는 반복계산법을 이용했다. 이 계산법은 1690년 조셉 랩손이 처음으로 발표하고 아이작 뉴턴에 의해 개발된 뉴턴-랩손 방법과 같다. 뉴턴-랩손 계산법을 이용하면 각 항의 값들이 $z_i=z_{i-1}-\frac{{z^2}_{i-1}-N}{2z_{i-1}}$ 또는 보다 간단한 $z_i=\frac{z_{i-1}}{2}+\frac{N}{2z_{i-1}}$인 수열로 나타낼 수 있다.

브라마스푸타 싯단타에서 브라마굽타는 이 외에도 중요한 아이디어들을 추가로 설명하고 있다. 이 책 이전에 발간된 필사본에서 사용했던 값 $\pi\approx\sqrt{10}$을 사용하는가 하면 두 수의 제곱의 합으로 되어 있는 두 수를 곱하면 그 결과 또한 두 수의 제곱의 합이 됨을 보였다. 즉 $(a^2+b^2)\cdot(c^2+d^2)=(ac-bd)^2+(ad+bc)^2$이며 이 식은 '브라마굽타의 항등식'으로 알려져 있기도 하다.

브라마굽타는 영원히 멈추지 않고 회전하는 기계도 처음으로 설명

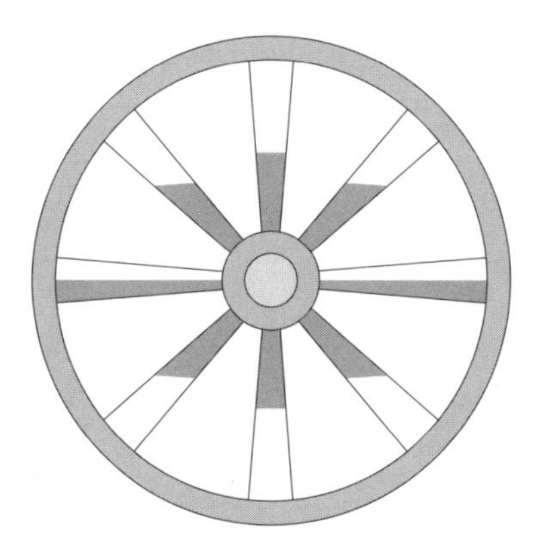

브라마굽타는 수은을 절반쯤 담은 살로 만든 수레바퀴에 의해 영원히 회전하는 기계를 다자인하려고 했다.

했다. 그는 위의 그림처럼 각 바퀴의 살 사이에 수은을 절반쯤 담은 수레바퀴를 설계했다. 이 수레바퀴를 살펴보면 수은이 일부 바퀴살에서는 옆으로 퍼지고 나머지에서는 아래로 쏠리게 되는데, 그는 이와 같은 현상으로 인해 수레바퀴가 영원히 회전하게 된다고 여겼지만 그것은 실제로는 잘못된 생각이다.

사인함수의 근사값 계산

665년 67세의 나이에 브라마굽타는 천문학과 수학에 관한 두 번째 책 《칸다카디아카Khandakhadyaka》을 출간했다. 천문학 체계인 싯단타에서는 주로 기하학적 모델과 우주론을 보다 다양하게 개발하는 것에 초

점을 맞춘 반면, 천문학 안내서라는 의미를 지닌 이 두 번째 책《카라나[karana]》는 간결한 형식화에 초점을 맞추어 내용을 전개하고 있다. '푸르바칸다카디아카[Purvakhandakhadyaka]'로 알려져 있는 처음 8개의 장에서는 아리아바타의 연구 내용을 일부 변경하거나 추가한 내용을 요약하여 담고 있다. 구체적으로 일식과 월식, 행성의 뜨고 지는 현상과 합, 초승달의 크기와 방향, 주요 별들과 성운의 위치를 포함하고 있으며, 브라마스푸타 싯단타의 처음 10개의 장에서 다룬 것과 같은 많은 주제들을 보다 간결하게 설명하고 있다. 그중에서 그는 항성년의 길이를 실제 길이인 365일 6시간 9분 남짓한 시간보다 조금 길게 추정하여 365일 6시간 12분 36초로 바꾸어 나타내었다.

브라마굽타는 우타라 칸다카디아카[Uttara-khandakhadyaka]라는 부록을 첨부하여 이 책을 보완했다. 그는 $90°$까지의 각을 24등분하고 $3\frac{3°}{4}$ 만큼씩 커지는 24개의 각에 대한 사인값을 정리한 아리아리바타의 사인표를 다시 만든 다음, 표에 정리하지 않은 임의의 각에 대한 사인값을 계산하기 위하여 새로운 보간식을 제시했다. x_i가 표에 정리된 한 각의 크기이고 θ가 $3\frac{3°}{4}$ 보다 작은 값으로 바로 앞의 각에 대해 증가하는 각의 크기를 나타낼 때, 그는 다음 공식을 사용하여 임의의 각 $x_i+\theta$의 사인값을 어림하여 계산했다.

$$\sin(x_i+\theta)\approx\sin(x_i)_i+\frac{\theta}{2\left(3\frac{3}{4}\right)}(D_i+D_{i-1})-\frac{\theta^2}{2\left(3\frac{3}{4}\right)^2}(D_i-D_{i-1})$$

(단, D_i는 i번째 사인 차)

그는 계산에 사용된 원의 반경 3438로 이 값들을 나누어 오늘날의 사인 함수의 값과 거의 일치하는 값들을 구했다. 이 복잡한 식은 18세기 아이작 뉴턴과 스코틀랜드 수학자 제임스 스털링이 개발한 일반 뉴턴-스털링 보간식의 한 특수한 경우에 해당한다. 이 식과 제곱근의 값을 구하는 방법은 방정식의 해나 함수값의 근사값을 구할 때 사용하는 반복계산법과 관련된 수학 분야인 수치해석학의 발단이 되었다. 브라마굽타는 최초로 알려진 반복계산법의 창안자로 '수치해석의 아버지'라는 칭호를 얻었다.

보석과도 같은 수학자

668년 브라마굽타는《칸다카디아카Khandakhadyaka》를 쓴 지 3년 후, 70세를 일기로 세상을 떠났다. 5세기가 지난 후, 인도의 위대한 천문학자이자 수학자인 바스카라 2세는 그를 '수학자들 중 보석과 같은 사람'이라는 의미를 지닌 가니타 챠크라 추다마니Ganita Chakra Chudamani라 칭했다.

브라마굽타는 자신의 학문과 두 걸작《브라마스푸타 싯단타》,《칸다카디아카》를 통해 인도의 수학과 천문학 지식을 발전시켰다.

그가 세상을 떠난 이후 5세기에 걸쳐 후대 수학자들은 0과 음수를 포함한 연산, 일·이차 부정방정식의 해법, 원에 내접하는 사각형의 성질, 삼각함수의 근삿값을 구하는 방법을 개발했다. 브라마굽타의 저서를 아라비아어로 번역하고 다시 라틴어로 재번역하면서 유럽 수학자들은 결국 이 수 체계를 받아들였다.

유럽의 후대 수학자들은 수 세기에 걸쳐 독자적으로 브라마굽타의 해법이나 공식, 이론들을 대부분 재발견했다.

그의 존재가 유럽에 알려지기 시작한 것은 19세기 콜부르크가 브라마스푸타 싯단타를 번역하면서부터였다.

무하마드 알콰리즈미

대수학을 독립시킨 수학자

이차방정식의 풀이를 다룬 무하마드 알콰리즈미의 논문은
대수의 형식적인 연구에서 출발했다.

대수학의 아버지

알콰리즈미는 바그다드에 세워진 도서관이자 학교인 '지혜의 집'에서 연구한 최초의 수학자 중 한 명으로 가장 유명했다. 그는 산술, 대수, 천문, 지리, 역법 등에 대한 책을 썼으며 그중에서 특히 산술과 대수에 관한 연구는 이후 아라비아 수학의 출발점이자 세계 수학의 발전에 지대한 영향을 미친 것으로 알려져 있다. 칼리프 알 마문의 요구에 따라 그가 쓴《대수학》은 대수학의 역사에서 가장 중요하고 유명한 책 중 하나로 간주된다. 재미있는 사실은 이 책을 라틴어로 번역하는 과정에서 그의 이름 알콰리즈미를 '알고리즈미'로 표기했고 1145년 영국인이 '알고리즘'으로 번역해 이 단어에서 수학에서의 계산 절차를 뜻하는 알고리즘이 유래했다는 것이다.

알콰리즈미는 오늘날 우리가 쓰는 수의 기원인 인도의 숫자 체계를 이슬람 세계와 유럽으로 확산시킨 장본인이기도 하다. 그는 산술에 관한 책에서 인도의 10진법 체계의 사용법을 설명하였는데 매우 영향력이 강해 이 수 체계가 아라비아 숫자로 알려지기도 했다. 그의 이 두 가지 수학적 걸작들은 유럽 전역에서 번역되어 활용되었으며 이후 8세기에 걸쳐 세계 수학의 발전에 영향을 미쳤다. 응용과학자로서도 활동안 그는 보다 향상된 천문표와 매우 정확한 세계 지도책을 제작하였으며 유대 달력이나 천체 관측기구의 구조와 조작법, 해시계의 사용 및 그가 살았던 당시의 정치사와 같은 여러 가지 주제에 대한 다양한 학문적인 논문들을 작성하기도 했다.

지혜의 집

알콰리즈미의 전체 이름은 '아부 자파르 무하마드 이븐 무사 알콰리즈미Abu Jafar Muhammad ibn Musa al-Khwarizmi'로 '자파르의 아버지이자 무사의 아들이며 콰리즈미 사람인 무하마드'라는 뜻을 지니고 있다. 현재의 이라크 바그다드 근처에서 800년에 태어나 847년에 일생을 마쳤지만 그 정확한 날짜는 알 수 없으며 그의 생애에 대해서도 알려진 바가 거의 없다.

813년에서 833년 사이에 이슬람 제국의 통치자였던 칼리프 알 마문은 바그다드에 학자들이 모일 수 있도록 도서관과 아카데미를 겸한 '지혜의 집'을 세웠다. 이곳에서는 주로 그리스와 인도의 철학자, 수학자, 과학자들의 책이 철학, 의학, 지리학, 과학 등 다양한 방면에 걸쳐 아라비아어로 번역되고 전문적인 학문 연구가 이루어졌으며, 알콰리즈미도 이곳에서 연구한 최초의 수학자 중 한 명이었다. 이곳의 학자들은 수학, 천문학, 과학 지식의 발전을 위한 프로젝트에 참가하기도 했다. 이와 같은 분위기에 적응하면서 알콰리즈미는 대수, 산술, 천문학, 지리학 분야에 대한 중요한 책을 집필했고, 달력, 천체 관측기구, 해시계, 역사에 대해서도 몇몇 책을 저술했다.

알지브라와 알고리즘의 기원

알콰리즈미의 가장 유명한 저서는 수학책《알키타브 알무크타사르 피 히사브 알자브르 알무카바라*al-kitab al-mukhtasar fi hisab al-jabr wal-muqabala*》로, '완성과 균형이라는 계산법에 대해 간결하게 정리한 책'의 의미를 지니고 있다. '완성'이나 '복원'을 의미하는 알자브르는 방정식의 한 변에서 뺀 양을 복원시키기 위하여 방정식의 양변에 같은 양을 더하는 방법과 관련된 것으로, 음의 항을 다른 변으로 옮겨 모든 항을 양으로 만드는 것을 가리킨다. 한편 '균형' 또는 '상쇄'를 뜻하는 '알무카바라'는 문자와 차수가 같은 동류항이 양변에 있을 때 방정식의 양변에서 그중 한 동류항의 양만큼을 빼는 과정을 말한다. 알콰리즈미는 방정식 풀이 절차의 이 두 가지 기본적인 계산 과정을 예를 들어 설명했다.

방정식 $x^2=40x^2-4x^2$에서는 양변에 $4x^2$을 더함으로써 $5x^2=40x^2$과 같이 단순한 형태로 정리하고, 방정식 $50+x^2=29+10x^2$은 양변에서 29를 뺌으로써 $21+x^2=10x^2$은 간단하게 정리했다.

책은 크게 세 부분으로 나누어 구성되었으며, 각 부분은 기초적인 실용수학 영역을 다루고 있다. 서론의 일부에서 인도의 수 체계에 대하여 언급한 후, 이 책에서 가장 많이 알려져 있는 첫 번째 부분에서는 일차방정식과 이차방정식을 풀기 위한 대수적 방법을 다루고 있다. 또 두 번째 부분에서는 다각형의 변의 길이와 원이 아닌 다른 2차원 도형의 넓이 및 구와 원뿔, 사각뿔 그리고 다른 3차원 도형의 부피를 구하는 기하학적 방법에 대해 다루고 있으며, 토지의 측량 및 운하 건설과 같은 실제적인 프로젝트에서 이 방법을 어떻게 적용하는지에 대해 설명하고 있다. 한편 가장 길게 구성한 세 번째 부분에서는 유산이나 소송, 조합 및 상거래를 하는 데 필요한 산술을 다루었다.

책 전체에서 알콰리즈미는 기호보다는 말로 수학적 절차를 설명하는 그리스 전통을 따르고 있다. 그는 일차방정식에서 미지량未知量을 나타내기 위하여 '물건'을 '샤이shay'라는 말로 나타내었으며, 측정을 위한 1의 단위를 나타내기 위하여 화폐 단위인 '디르함dirham'을 사용했다. 이차방정식에서는 미지량의 제곱을 나타내기 위하여 '부나 재산'을 의미하는 '말mal'을 사용하였으며, 미지량인 '근'을 나타내기 위해서는 '지브르jibhr'를 사용했다.

그는 책에 제시한 모든 응용문제를 표현하고 해결하는 데 사용할 수 있는 방정식을 수사학적으로 나타내면서 6가지 표준 유형으로 분류했다. 이들 방정식을 변수 x와 양의 정수 a, b, c를 계수로 하는 오늘날의 대수 표기 형태로 나타내면 일차방정식은 다음과 같이 나타낼 수 있다.

$$1.\ bx=c$$

또 이차방정식은 다음과 같이 5가지 유형으로 나타낼 수 있다.

$2.\ ax^2=bx$ $3.\ ax^2=c$ $4.\ ax^2+bx=c$

$5.\ ax^2+c=bx$ $6.\ ax^2=bx+c$

오늘날에는 6가지 유형의 방정식을 보통 $ax^2+bx+c=0$(단, a, b, c는 양수, 음수, 0)과 같이 나타내고 있다. 알콰리즈미는 음수와 계수가 0이 되는 경우를 받아들이지 않았기 때문에 방정식을 위의 6가지 유형으로만 분류할 수 있었다. 계수가 0인 경우와 음수는 8세기가 지난 후에야 수학계에서 널리 사용했다.

여섯 번째 유형의 방정식 $ax^2=bx+c$에 대하여 알콰리즈미가 해결한 해를 오늘날의 표기 형태로 고치면 다음과 같이 나타낼 수 있다.

$$\sqrt{\left(\frac{1}{2}\cdot\frac{b}{a}\right)^2+\left(\frac{c}{a}\right)}+\frac{1}{2}\cdot\frac{b}{a}$$

여러 예들을 통해 그는 알자브르와 알무카바라의 방법을 이용하여 임의의 방정식을 어떻게 간단히 정리할 수 있는가를 설명했다.

알콰리즈미는 세 개의 항으로 되어 있는 이차방정식을 풀기 위하여 '정사각형 만들기'라는 기하학적 방법을 활용했다. 예를 들어, 방정식 $x^2+10x=39$를 풀기 위하여 먼저 각 변의 길이를 x로 하는 한 개의 정사각형을 그렸다. 그런 다음 그림과 같이 한 변의 길이가 $\frac{5}{2}$인 직사각형을 정사각형의 네 변에 각각 붙였다. 이 정사각형과 4개의 붙여진 직사각형의 넓이의 합은 $x^2+4\cdot\left(\frac{5}{2}x\right)=x^2+10x$로, 이 값은 주어진 방정식에서 39와 같은 양이다. 그런 다음 그는 그림에서 네 개의 모서리를 채우게 되면 한 변의 길이가 $\frac{5}{2}$인 네 개의 정사각형의 넓이 $4\cdot\frac{5}{2}\cdot\frac{5}{2}=25$를 더하는 것임을 보였다. 그 결과, 만들어진 정사각형은 한 변의 길이가 $x+5$이고 넓이는 $39+25=64$가 된다. 그는 큰 정사각형의 넓이가 $(x+5)^2=8^2$임을 추론하고 이 방정식을 풀었다. 즉

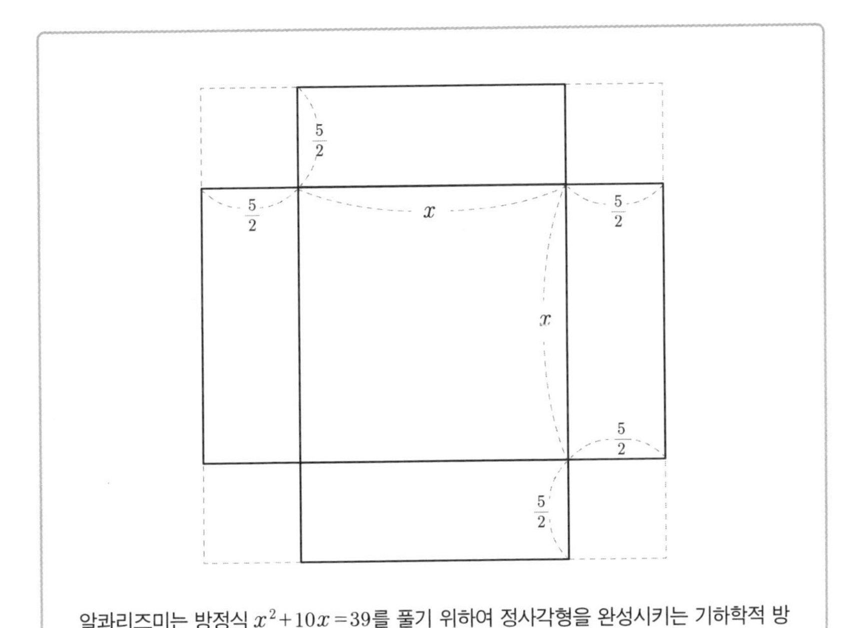

알콰리즈미는 방정식 $x^2+10x=39$를 풀기 위하여 정사각형을 완성시키는 기하학적 방법을 사용했다.

$x+5$는 변의 길이이므로 음수는 무시하고 $x+5=8$을 만족하는 x의 값을 구하면 $x=3$이다.

이 책의 마지막은 비율을 찾는 어림셈 방법인 '비례산'을 설명한 '상거래에 대하여'라는 제목의 소단원을 다루고 있다. 이 부분에서는 양이 다른 같은 종류의 상품에 대하여 가격이 주어져 있을 때 상인이나 고객이 비례를 활용하여 그 상품의 또 다른 일정량의 가격을 구하는 문제들이 제시되어 있다.

그는 또 약간 변형된 문제들을 다루고 해결하기도 했다. 예를 들어 두 가지 가격과 한 양이 주어져 있을 때 이 조건을 이용하여 방정식을 세우고 소거라는 방법으로 간단히 한 다음 구하고자 하는 양을 알아내는 식이다.

알콰리즈미는 《대수학》을 쓸 때 그리스나 인도, 유대 수학자들이 쓴 책들을 참고했지만 이들 책에 비해 그가 제시한 자료들과 일부 해법들은 훨씬 기초적인 내용에 가까웠다. 특히 이차방정식의 풀이법에 대한 간단하고 기본적인 해설과 함께 이항 및 소거라는 유용한 계산법을 소개해 학자들에게 매우 쉽게 받아들여졌다. 따라서 대수를 연구하는 수학자들은 방정식을 정리하고 해결할 때 그의 해법을 활용하였으며, 나아가 그의 책은 몇 세기에 걸쳐 표준 수학 교과서처럼 사용되기도 했다.

12세기 영국 수학자 로버트와 이탈리아 수학자 제라드는 《대수학》을 라틴어로 번역하여 유럽에 그의 대수적 방법들을 소개했다. 또 16세기 비에트가 변수와 계수를 나타내기 위해 문자를 사용하기 전까지는 라틴어 'cossa'와 'census'로 번역되는 'shay', 'mal' 등의 수사적인 표현은 표준화된 방법처럼 널리 사용되기도 했다. 그의 책은 중세 유럽인들에게 큰 영향을 미쳤으며, 수학의 한 분야인 '대수학algebra'은 책 제목의 '알-자브르al-jabr'에서 유래된 것이다. 《대수학》은 대수를 수학의 한 독자적인 영역으로 가르친 최초의 책이 되었으며, 이런 의미에서 알콰리즈미는 '대수학의 아버지'가 될 자격이 있다.

아라비아 숫자로 둔갑한 인도 숫자

알콰리즈미는 인도 숫자에 대하여 자세히 설명한 두 번째 책을 썼다. 이 책은 《인도 계산법에 대해서》라는 제목의 라틴어로 번역된 사본만 남아 있을 뿐 아라비아어 원본은 없어졌다. 원본의 제목은 확실하게 알려지지 않았지만, 번역가들은 아마도 〈인도 계산법에 따른 덧셈과 뺄셈에 관한 책〉 또는 〈인도 숫자들을 사용한 계산에 관한 논문〉이었을 것이라고 추측하고 있다.

이 책은 인도의 브라마굽타가 지은 책을 참고로 하여 쓴 것으로, 임의의 양의 정수를 나타내기 위하여 1부터 9까지의 인도 숫사 및 0을 나타내는 동그라미를 사용한 10진법을 소개했다. 7267의 각각 다른 자리에 놓인 두 개의 7과 같이 이 자리값 수 체계에서 사용되는 여러 개의 같은 숫자는 일의 자리, 십의 자리, 백의 자리 등의 각 단위의 특별한 수를 나타낸다. 즉 7267의 경우, 맨 왼쪽에 있는 '7'은 7000을 나타낸 반면, 오른쪽의 '7'은 1의 단위 7을 나타낸다.

알콰리즈미는 이들 인도 숫자들을 사용하여 값을 나타내는 방법을 설명한 후 간단한 정수의 사칙연산을 하면서 여러 가지 간단한 산술 계산법을 다루는가 하면 분수와 대분수의 사칙연산에 대해서도 자세히 설명했다. 또 보통 천문학과 관련된 계산을 할 때 사용하던 $23+\frac{7}{60}+\frac{7}{60^2}$과 같은 60진법에 대해서도 인도인들이 어떻게 쓰고 계산하는지를 설명하는 등 여러 가지 실용적인 문제를 풀기 위한 많은 계산법들을 다루었다.

이 책의 수학적 내용은 알콰리즈미가 처음으로 만들어낸 것은 아니다. 그는 이 수 체계를 사용하여 가장 일반적이고 유용한 산술 계산법들을 명료하고 철저하게 설명했다. 이 산술 책은 아라비아에서 인도 숫자들의 이점을 설명한 최초의 책이었기 때문에 매우 중요하게 간주되었으며 이 책의 영향으로 인도 숫자들은 이슬람제국 전역을 통해 널리 사용되게 되었다. 12세기 이 책이 라틴어로 번역되면서 세빌레, 사크로보스코, 피보나치 등의 많은 유럽 수학자들에게 큰 영향을 미쳤으며, 이들은 이 수 체계와 계산법에 관한 논문을 작성하기도 했다. 나아가 유럽 수학자 협회와 사업 단체에서는 이 논문들과 이후에 출간된 책을 통해 당시에 사용하고 있던 로마 숫자보다 뛰어난 이 수 체계 사용이 훨씬 능률적임을 확신하게 되었다. 이로 인해 유럽에서는 이 수 체계도 알콰리즈미의 것으로 간주하여 기원을 아라비아 수학으로 돌리면서 인도 숫자를 아라비아 숫자라고 부르게 되었다.

천문표를 만들다

지혜의 집을 설립한 칼리프 알 마문은 바그다드에 천문 관측소를 세웠다. 이곳에서 알콰리즈미는 천문학자들과 함께 여러 가지 프로젝트를 수행했다. 그들은 1년 내내 태양의 경로를 추적하여 황도 경사가 23°33′라는 것을 정확히 측정했다. 이것은 4세기에 일반적으로 받아들여지고 있던 알렉산드리아의 그리스 천문학자 테온의 값 23°51′보다 정확한 값이었다.

면밀한 천체 관측을 통해 바그다드 천문학자들은 이슬람제국의 여러 도시의 위도와 경도의 보다 정확한 좌표를 구할 수 있었으며, 또 이들 좌표를 활용하면서 적도상의 한 지점을 중심으로 삼은 입체사진 투영법으로 알려진 곳에 대한 정밀 지도를 만들기도 했다.

알콰리즈미의 가장 중요한 천문학적 업적은 인도의 천문표인 지즈 알 신드힌드[Zij al-sindhind]로 알려진 광범위한 여러 가지 표를 만들었다는 것이다. 이 표의 많은 부분은 7세기 인도 천문학자 브라마굽타의 저서 《브라마스푸타 싯단타》에 실린 비슷한 표를 토대로 하여 만들어졌다. 아라비아 번역가들은 이 표에 파키스탄의 한 지역명인 신드[sind]라는 단어와 인도를 뜻하는 아라비아어 단어인 힌드[hind]를 합쳐 '지즈 알 신드힌드[Zij al-sindhind]'라는 이름을 붙였다. 그는 또 2세기 그리스 천문학자 톨레미의 대표작 《알마게스트》와 6세기 아라비아 천문학자 팔라비가 편찬한 샤흐의 천문학표인 '지즈 알 샤흐'를 인용하기도 했다. 태양, 달, 수성, 금성, 화성, 목성, 토성의 7개의 천체 각각에 대하여, 알콰리즈미

는 평균 운동에 관한 표와 거기에서 나타난 오차에 대한 표도 제시했다.

그는 이 표를 사용하여 1년 중 어떤 날의 각 천체의 위치와 경로는 물론 중요한 사건이 발생했을 때의 천체의 평균 위치 및 가장 먼 곳에 있을 때의 위치, 서로 만날 때의 위치를 계산하는 방법을 설명했다. 제시된 또 다른 표들은 일식이나 태양 적위, 시차, 적경, 달의 상을 계산할 때 필요한 자료가 되기도 했다. 그는 또 1도의 $\frac{1}{150}$을 단위로 하여 각의 크기를 증가시키면서 측정한 각의 사인값과 탄젠트값을 정리한 삼각비의 표를 제시하여 천문학자들이 필요한 계산을 하는 데에 큰 역할을 했다. 이 표에는 점성학적인 표와 구면삼각법에 관한 자료가 포함되어 있다.

이 표들은 거의 수정되지 않은 채 그대로 전해져 온 가장 오래된 아라비아 천문학적 업적이라 할 수 있다.

이후 3세기에 걸쳐 많은 아라비아 천문학자들이 개정된 표를 만들었지만, 알콰리즈미의 표가 이슬람 학교에서 하나의 표준으로 사용되었다.

12세기 제라드는 알콰리즈미와 다른 아라비아 천문학자의 표를 인용하여 만든 천문표의 모음집인 《톨레단 천문표Toledan Tables》를 라틴어로 번역했다. 유럽 전역에서 천문학자들은 100년 동안 이 천문표 모음집을 널리 사용했다.

지리학 책

지리학 분야와 관련하여 지구의 모양에 관한 책 《키타브 수라트 알아드》를 집필하며 알콰리즈미는 2400개의 도시와 산, 바다, 섬, 지방, 강의 위도와 경도를 표로 정리하여 나타내었다. 각 지역의 위치는 오늘날의 위도대에 해당하는 대서양의 동쪽에서 태평양까지 뻗은 수평한 띠인 7개의 클리마타Climata 내에 각각 포함시켜 분류했다. 2세기 톨레미가 주요 도시의 좌표와 지리학적 특징으로 세계지도를 설명한 책 《지오그라피》을 개정한 이 책에서 그는 유럽 지형에 대한 톨레미의 좌표와 이슬람제국의 각 지역을 보다 정확히 관측하여 그 좌표를 제시하였으며, 알려진 정보와 함께 세계 여러 곳에 대한 몇몇 지도를 통합하여 내용을 구성했다.

알콰리즈미의 지리학 책은 이후 몇 세기에 걸쳐 아라비아에서 폭넓게 사용되었다. 천문학자들은 보다 정확한 자료를 구하고 좌표를 갱신하는 등의 과정을 통해 개정판을 만들었다. 중세 유럽의 천문표들은 알콰리즈미가 제시한 이슬람 도시의 좌표와 지리학적 특징을 통합하여 만들어졌으며, 그의 지리학 책이 완전히 번역된 것은 19세기 말이 되어

서였다.

빛을 보지 못한 알콰리즈미의 기타 연구 업적

수학, 천문학, 지리학에서의 주요 저작과 더불어, 알콰리즈미가 출간한 책들은 이 외에도 많지만 널리 활용되지는 못했다. 또 각 분야 모두에서 의미 있는 지식을 진전시킨 것은 아니었으며 후대 학자들에 의해 내용이 향상되지도 못했다. 이 책들은 각각 특별한 주제를 다루면서 정확한 내용 전개가 이루어졌지만 영향을 주지는 못했던 것이다. 그러나 이 책들을 통해 알콰리즈미의 풍부한 지식의 폭과 다양한 주제에 관하여 글을 쓰는 그의 대가로서의 능력을 충분히 짐작할 수 있다.

이 책들 중에서 유일하게 전해 내려오는 책은 유대교 기원에 대한 초록인 《이스티크라즈 타리크 알야후드 *Istikhraj ta'rikh al-yahud*》이다. 천지창조를 기원전 3761년으로 하고 19년을 주기로 한 유대력에 대하여 설명하고 있다. 그는 이 체계에서 다양한 날짜를 알기 위해 적용하는 규칙과 연도를 측정하는 유대교 체계와 로마 · 이슬람 체계 사이에 날짜를 변환시키는 방법에 대해서도 설명하고 있다. 또 이 책에는 유대력에 있는 어느 날의 태양과 달의 위치를 알아보는 규칙도 실려 있다.

실용주의적인 과학자이기도 했던 알콰리즈미는 그리스인들이 발명한 천체 관측의에 관하여 두 권의 책을 썼다. 이 기구는 수평선과 별들 사이의 각을 측정함으로써 바다 한가운데에서 위치를 알아볼 때 사용된다. 이 두 권의 책 중 《카타브 아말 알아스투르라브 *Kitab `amal al-asturlab*》는 천체 관측의의 구조를 다룬 책이며 《카타브 알-아말 빌-아스투

르라브Kitab al-'amal bi'l-asturlab》은 천체 관측의의 기능에 관하여 다루었다. 전자는 남아 있지 않으며 후자는 일부분만이 남아 전해 내려오고 있다.

두 권의 책은 이전에 출간된 그리스와 아라비아어 논문을 참고로 하여 구성된 것으로 보이며 후에 아라비아어 책이 이 책들을 대신했다. 천문학자들은 이후 2세기에 걸쳐 보다 향상된 천체 관측의를 설계함으로써 이 책들은 쓸모가 없게 되었다.

알콰리즈미가 쓴 또 다른 책으로 당시의 연대기인《키타브 알 타리크Kitab al-tarikh》가 있다. 정치사와 당시의 유명한 인물의 삶에 대해 다룬 이 책에서 알콰리즈미는 천문학적 지식을 활용하여 그들 개개인의 별자리가 삶에서 마주치는 중요한 사건들에 어떻게 영향을 미치는지를 설명했다.

이외에도 알콰리즈미가 쓴 또 다른 책들은 다른 작가들이 각자의 저서에 인용한 것을 통해서만 알려져 있다. 그는 해시계에 대한 책《키타브 알-루크아마Kitab al-rukhama》를 썼지만 그 내용 또한 전혀 알려져 있지 않다.

아라비아어로 된 구면삼각형에 대한 사본의 일부가 남아 이 역시 알콰리즈미의 저서라고 추정되지만 확실치는 않다. 한편, 그는 시계에 관한 책을 썼다고도 추측되지만 이에 대한 참고자료 또한 확실치 않다.

대수학을 수학의 독립 분야로 만들다

알콰리즈미는 저명한 아라비아의 수학자이자 천문학자이다. 대수, 산술, 천문학, 지리학에 대한 그의 책들은 그리스와 인도 학자들의 업적을 개정하여 향상시킨 것이었다. 이슬람제국 전역에서 이들 네 권의 책들은 각 영역의 주제에 대하여 엄밀하게 독립적으로 다루어졌으며 수백 년에 걸쳐 사용되어 왔다. 12세기 라틴어로 번역된《대수학》과 산술에 관한 책은 유럽 수학의 발전에 큰 영향을 미쳤다.

결국 이 책들은 인도 아라비아 수 체계를 널리 활용하도록 길을 열었으며 대수학을 수학의 독립 분야로서 인정받게 했다. 수학과 천문학에 대한 그의 지식의 확산과 진전 활동은 이후 두 분야에 오랫동안 영향을 미쳤다.

오마르 카얌

3차방정식을 기하학적으로 풀이한

오마르 카얌은 대수방정식을 푸는 기하학적 해법을 개발하였으며
달력을 개량하고 천문학을 연구했다.

아라비아에 수학을 널리 퍼뜨린 수학자

오마르 카얌은 페르시아의 시인이자 수학자 · 천문학자로서 유럽에 널리 알려져 있는 시집《루바이야트Rubaāiyāt》를 지었다. 특히 수학과 천문학 분야에 큰 업적을 남겼으며, 삼차방정식의 해법을 추가함으로써 알콰리즈미의 대수학을 보다 향상시킨《대수학》을 썼다. 이 책에서 오마르 카얌은 삼차방정식을 14가지 유형으로 분류하고, 모든 유형의 삼차방정식에 대하여 기하학적으로 양의 근을 구하는 방법을 최초로 제시하여 아라비아의 대수학 발전에 독창적인 공헌을 했다.

삼차방정식에 대한 일반적인 대수적 해법은 16세기 이탈리아 수학자인 카르다노와 타르탈리아 등이 제시했는데, 기하학적 해법은 그들보다 500여 년 앞서 오마르 카얌이 처음 소개했던 것이다.

유클리드의 평행선 공준을 연구하면서 카얌은 비유클리드 기하와 관련된 일련의 정리들을 최초로 증명하기도 했다. 비례를 다룬 책에서는 그리스와 아라비아 수학자들이 개발한 이론들과 자신의 연구 결과를 통합하여 내용을 전개했다. 그는 시와 수학은 물론 음악 이론이나 실존주의 철학, 천문학에 관한 연구 결과를 책으로 묶어 발간하고, 그 시대의 어느 달력보다 더 정확하게 1년의 길이를 측정하기도 했다.

친구의 우정으로 훌륭한 수학자가 된 카얌

오마르 카얌의 원래 이름은 '기야트 알딘 아불파트 우마르 이븐 이브라힘 알니샤부리 알카야미Ghiyath al-Din Abul-Fath 'Umar ibn Ibrahim al-Nishaburi al-Khayyami'이다. 이름에 붙은 기야트 알딘Ghiyath al-Din은 '믿음의 일꾼'이라는 의미로 후세 사람들이 그에게 부여한 명예로운 경칭이다. 종종 '오마르Omar'로 번역되는 '우마르Umar'는 그의 고유 이름이며 '이븐 이브라힘Ibn Ibrahim'은 그가 이브라힘의 아들임을 의미한다. '알니샤부리Al-Nishaburi'는 그가 태어난 곳이 니샤부르라는 것을 뜻하며, '알카야미Al-Khayyami'는 그의 아버지가 천막 만드는 일을 했다는 것을 의미한다.

카얌이 태어난 날짜는 확실치 않다. 어린 시절 카얌은 니샤부르에서 호라산의 위대한 현인 이맘의 지도 아래 코란과 무슬림의 관습을 공부했다. 이 학교에서 니잠이라는 친구와 절친하게 지냈으며 이후 철학, 수학, 과학에 대한 폭넓은 지식을 쌓으며 부유한 판사의 집에서 개인 교사로 생계를 이었다.

술탄 알프 아르슬란의 통치 시대에 니잠은 행정부의 장관으로 임용

되었다. 평소 카얌의 어려운 형편을 안타까워하던 니잠은 술탄을 설득하여 카얌에게 1년에 1,200개의 금화를 연금으로 주며 후원을 아끼지 않았다. 연금을 받게 되면서 카얌은 수학과 과학의 새로운 주제에 대하여 독자적인 연구를 수행할 수 있었다. 그 결과 카얌은 연구 결과를 묶어 세 권의 책을 발간할 수 있었다.

삼차방정식의 기하학적 해법

카얌이 처음으로 쓴 산술 책은 산술 문제를 주로 다루고 있는《무스키라트 알히사브》이다. 이 책은 사본조차도 남아 있지 않음에도 불구하고 이 책의 내용은 카얌이 나중에 쓴 다른 책과 아라비아의 수학자 나시르 알딘 알투시가 쓴 책《파미 알히사브 빌타크트 알투랍》에서 자세히 설명하고 인용함으로써 알려져 왔다.

카얌은 산술 책에서 양의 정수의 근의 근사값을 구하는 새로운 방법을 제시했다. 그는 유클리드의《원론》의 대수적 증명을 활용하여 자신이 제시한 계산법에 대한 타당성을 증명했다. 알투시의 설명처럼, 양의 정수 N의 n번째 근의 근사값을 구하기 위하여 카얌은 $N \geq a^n$인 가장 큰 정수 a를 알아내고, $\sqrt{N} \approx a + \frac{N-a^n}{(a+1)^n - a^n}$를 계산하여 근사값을 구했다. 카얌은 이 식의 분모를 쉽게 계산하기 위하여, 이항 전개식 $(a+1)^n = a^n + na^{n-1} + \binom{n}{2} a^{n-2} + \binom{n}{3} a^{n-3} + \cdots + 1$과 이항계수를 정리한 표, 파스칼의 삼각형을 바탕으로 하여 만든 식 $\binom{n}{k} = \binom{n-1}{k} + \binom{n-1}{k-1}$을 사용했다. 그러나 당시에는 지수와 이항계수를 나타내는 기호가 없었기 때문에 말로 설명했다.

카얌의 두 번째 수학책은 제목 없이 대수에 관한 논문을 엮은 것이다. 페르시아어, 러시아어, 영어로 번역되어 현재까지 전해 내려오고 있는 이 책에서 카얌은 방정식의 낮은 차수의 항의 존재 여부와 계수를 양수가 되도록 배열할 수 있는가에 따라 삼차방정식을 14가지 유형으로 분류했다. 두 개의 항으로 구성된 방정식 $x^3=c$와 함께, 그는 세 개의 항으로 구성된 여섯 개의 방정식을 다음과 같이 정리했다.

$$x^3+ax^2=c, \qquad x^3+c=ax^2, \qquad x^3=ax^2+c$$
$$x^3+bx=c, \qquad x^3+c=bx, \qquad x^3=bx+c$$

또 네 개의 항으로 구성된 일곱 개의 방정식을 다음과 같이 정리했다.

$$x^3+ax^2=bx+c, \qquad x^3+bx+c=ax^2, \qquad x^3+bx=ax^2+c$$
$$x^3+ax^2+c=bx, \qquad x^3+c=ax^2+bx, \qquad x^3+ax^2+bx=c$$
$$x^3=ax^2+bx+c$$

선대 수학자들에 의해 이들 중 4가지 유형의 방정식은 자와 컴퍼스를 사용하여 해결되었으며, 카얌은 나머지 10가지 유형의 방정식을 기하학적으로 해결하려 했다.

카얌은 기하학적으로 삼차방정식 $x^3+200x=20x^2+2000$의 한 양의 근을 구하는 방법도 자세히 설명했다. 그는 또 이 근이 원 $(x-15)^2+y^2=25$와 쌍곡선 $y=\frac{\sqrt{200}(x-10)}{x}$의 교점과 일치한다는 것도 증명했다. 그가 구한 삼차방정식의 근의 근사값은

$x \approx 15.43689$로 실제 참값과의 오차가 1%에 불과했다. 방정식을 푸는 과정에서 원뿔의 절단면을 활용해야 했기 때문에, 카얌은 보다 기초적인 자와 컴퍼스를 이용한 작도법으로는 해결할 수 없다고 설명했다. 이것은 삼차방정식의 해결 가능성 여부에 대하여 언급한 최초의 주장으로 알려져 왔다. 유럽의 수학자들은 17세기에 카얌과 같은 결론을 얻었지만 그 증명은 19세기가 되어서야 이루어졌다.

카얌은 음악 이론을 정리하여 《알카을 아라 아지나스 알라티 빌아르바al-Qawl ala ajinas allati bi'l-arba'a》도 발간했다. 이 책은 4도 음정을 세 가지 음정, 즉 온음계적 음정, 반음계적 음정, 딴 이름을 가지고 있지만 같은 음을 내는 이명동음 음정으로 분류하는 문제를 다루고 있다. 이 문제는 그리스 학자들과 아라비아의 학자들이 13세기 동안 음의 길이에 관하

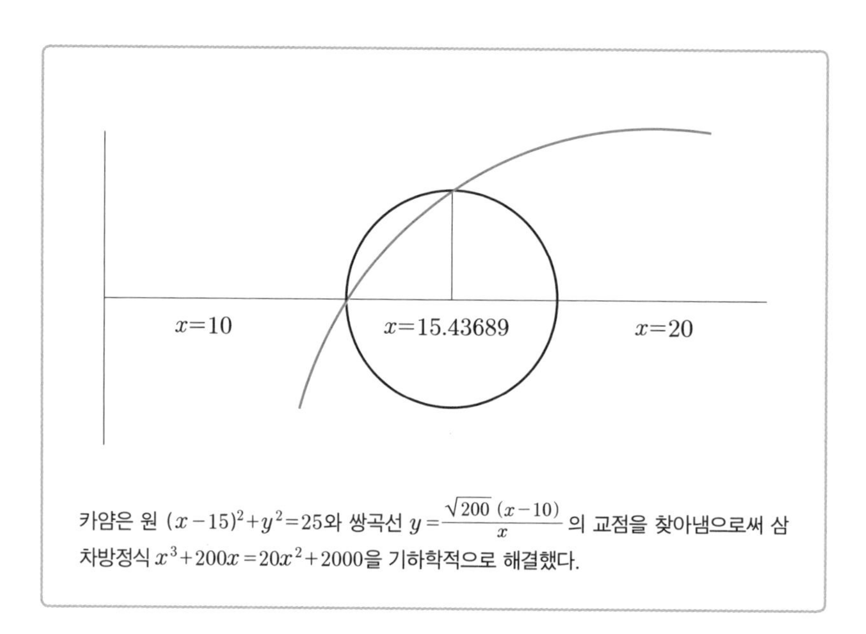

카얌은 원 $(x-15)^2+y^2=25$와 쌍곡선 $y=\dfrac{\sqrt{200}\,(x-10)}{x}$의 교점을 찾아냄으로써 삼차방정식 $x^3+200x=20x^2+2000$을 기하학적으로 해결했다.

여 많은 연구를 해왔을 만큼 고전적인 문제였다. 그들은 4도 음정과 같은 비율을 나타내는 19개의 음정을 알아냈다. 세 가지의 또 다른 비율을 발견했던 카얌은 22개의 음정 모두에 대하여 아름다움의 가치를 평가했다. 다른 두 권의 책과 마찬가지로, 그는 고전적인 문제에 자신만의 독특한 이론을 결합하여 설명하였는데 이것은 곧 그가 자신의 국가 및 다른 문화에 속한 학자들의 책에 대해서도 정통해 있었음을 나타낸다.

대수의 정의를 최초로 말하다

1070년경 오마르 카얌은 사마르칸드에 있는 법원의 재판관에게 학자로서 법원에 상주해 달라는 요청을 받았다. 이 기간에 카얌은 이항과 소거를 다룬 세 번째 수학책《리살라 필바라힌 아라 마사일 알자브르 알무카바라 *Risala fil-barahin 'ala masa'il al-jabr wal-muqabala*》을 썼다. 제목의 마지막 부분인 '알자브르 알무카바라'는 알콰리즈미의 책에서 소개했던 대수의 두 가지 주요 계산 절차를 의미한다. 서론에서 카얌은 정수나 길이, 넓이 등의 치수와 같은 양들의 관계를 이용하여 정수해나 분수해를 알아내는 것을 자세히 설명하면서 최초로 대수의 정의를 제시했다. 그는 대수를 주로 거리, 넓이, 부피, 무게, 시간과 관련이 있는 물리적인 상황에서 발생되는 문제들을 해결하는 분야라고 설명했다. 그는 3차원 세계에서 응용 이상의 유용성을 생각할 수 없었기 때문에, 책에서는 단지 1 · 2 · 3차방정식만을 다루었다.

이 책에서 카얌은 두 번째 수학책에서 다뤘던 3차방정식의 기하학적 해법에 대한 연구를 완성했다. 그는 자신이 알아낸 14가지 유형의 삼차방정식 각각에 대하여 각 방정식과 관련된 원과 쌍곡선, 원과 포물선, 쌍곡선과 포물선 등을 같은 좌표평면 위에 그리고 이때 만나는 교점의 좌표를 구하여 이것이 삼차방정식의 해가 된다는 것을 설명했다. 그런데 이 해법에는 몇 가지 제약이 따른다. 카얌의 시대에는 아직 일반 계수의 개념이 없었기 때문에 각 경우마다 원뿔곡선을 명확히 정해야 했다. 그는 어떤 방정식이 근이 없거나 한 개의 근 또는 중근 그리고 두 개의 근을 갖는 상황에 대하여 조사하면서 $(x-1)(x-2)(x-3)=0$과 같이 세 개의 서로 다른 근을 갖거나 $(x-1)^3=0$과 같이 3중근을 갖는 경우에 대해서는 전혀 생각하지 않았다. 당시의 수학자들은 음수의 개념을 이해하지 못하고 있었기 때문에 그도 방정식의 계수와 근을 양수로 제한하여 방정식을 해결했다.

그럼에도 불구하고, 수학자들은 그의 세 번째 책 《리살라 필라바힌 아라 마사일 알자브르 알우카바라》를 높게 평가했다. 이는 모든 3차방정식에 대한 기하학적 해법을 체계적으로 제공함으로써 임의의 삼차방정식이 한 개 이상의 근을 가질 수 있다는 것을 최초로 증명하였으며, 앞에서 주장한 3차방정식이 자와 컴퍼스를 사용한 작도법으로는 해결될 수 없다는 것을 다시 강조하여 주장하였기 때문이다.

오늘날의 그레고리력보다 더 정확한 잘라르력

1073년 잘라르 알딘 말리크샤는 술탄이 되어 이스파한에 자신의 제국의 수도를 설립했다. 이스파한에 천문 관측소를 설립한 새 술탄의 초대에 응하여 카얌은 이 관측소에서 18년 동안의 연구 생활을 시작했다. 그는 뛰어난 천문학자들을 모아 말리크샤의 천문표를 만들었다. 이 표에는 하늘에 떠 있는 가장 밝은 별 100개의 목록이 실려 있으며 연중 다른 시간대에 태양이 뜨고 지는 위치를 나타내는 황도좌표계를 나타내는 표도 실려 있다.

말리크샤의 요구에 따라 1074년 카얌은 8명의 천문학자들을 지휘하

며 당시에 사용하고 있던 페르시아와 무슬림 달력보다 더 정교한 새로운 달력을 만들기 시작했다. 5년간의 연구 끝에 달력을 완성한 카얌은 술탄에게 경의를 표하며 잘라르력이라는 뜻을 지닌 '알타리크 알잘라리'라는 이름을 붙였다. 이 달력은 1년이 366일인 8번의 윤년과 365일을 1년으로 한 25번의 일반적인 1년을 포함한 33년을 한 주기로 하여 만들었다. 365.2424일을 평균으로 하는 이 달력은 약 5,000년에 하루의 오차밖에 생기지 않을 만큼 정확했다.

카얌의 달력 체계가 높이 평가받는 것은 당시에 사용하고 있던 달력을 개량했기 때문이 아니다. 그의 달력은 3330년에 하루의 오차가 생기는, 1582년에 소개된 오늘날의 그레고리력보다 더 정확할 정도로 뛰어나다.

유클리드와 카얌과 사케리

천문 관측소에서 지내면서 카얌은 천문학 연구는 물론 수학에 대한 연구도 게을리 하지 않았다. 1077년에는 유클리드《원론》의 난해한 공준에 대한 해설을 주 내용으로 하여《샤르 마 아스카라 민 무사다라트 키탑 유크리데스*sharh ma ashkala min musadarat kitab Uqlides*》라는 제목의 네 번째 수학책을 출간했다. 3권으로 구성된 이 책의 제1권에서 카얌은 유클리드의 평행선 공준을 대체할 8개의 명제를 제시했다.

그는 각각 수직인 두 직선 m, n 이 직선 l위에서 만난다면, 두 직선은 대칭적으로 다른 쪽에서도 만난다는 것을 증명했다. 이것으로부터

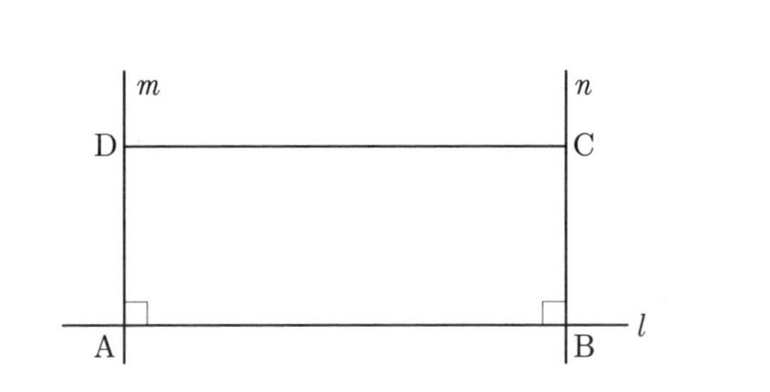

카얌이 유클리드 공준을 증명하기 위하여 사용한 그림. 사케리의 사각형보다 600년 앞선 그림이다.

그는 두 수직선이 만나지도 않을 뿐더러 발산하지도 않으며 서로에게서 같은 거리만큼 떨어져 있다고 추론했다. 카얌은 유클리드 평행선 공준을 증명한 자신의 8번째 명제와 관련하여 나머지 명제들을 증명하는 데 사용한 네 개의 변으로 둘러싸인 도형을 만들기 위하여 두 수직선에 l과 평행한 선분의 양 끝점을 연결했다. 비록 그의 논리적 추론이 완벽하다고 하더라도, 카얌은 논증을 시작하면서 평행선 공준과 논리적으로 같다는 가정을 했다.

이러한 결함에도 불구하고 그가 자신의 처음 두 개의 명제에서 추론한 그 결론들은 19세기 독일인 베르나르드 리만과 러시아인 니콜라이 로바체브스키가 발견한 비유클리드 기하학에 대한 토대를 마련했다. 수학자들은 18세기 초 이탈리아 수학자 지오반니 사케리가 이 도형과 추론에 있어서 유사한 직선을 다시 도입한 후 카얌의 사변형을 사케리의 사변형이라 부르고 있다.

유클리드에 대한 주석서 제2권과 3권에서 카얌은 비례와 비율에 관한 이론을 자세히 설명했다. 한편 유클리드는 약분할 수 없는 양에 대하여 불완전한 비례론을 제시했으며, 9세기 아라비아 수학자 알 마히니는 연분수를 토대로 한 비례론을 개발했다. 카얌은 두 비례론이 서로 같다고 주장하며 그 이유에 대해서도 설명했다. 평행선 이론과 마찬가지로 카얌의 비례에 대한 연구 결과는 이후 아라비아 수학자들의 연구에 영향을 미쳤지만, 이 연구 결과가 19세기가 되어서야 발견되고 번역되어 유럽 수학의 발달에는 큰 영향을 미치지 못했다.

철학 책을 쓴 수학자

천문 관측소에서 지내는 동안, 카얌은 정부 고위 공무원의 요청으로 세 권의 철학 서적을 썼다. 1080년 존재와 의무에 관하여 쓴 책《리살라 알카원 알타크리프*Risala al-kawn wa'l-taklif*》에서 그는 세상의 창조와 인간의 기도 의무를 다루었다. 두 번째 책은《알자와브 안 타라트 마사일 : 다루라트 알타다드 피라람 알자브르 알바카》라는 제목 아래 세 가지 질문인 '세상에서 모순의 필요성에 대하여, 결정론에 대하여, 장수에 대하여'에 대한 답변을 다양한 시각으로 다루었다. 존재의 타당성에 대한 세 번째 철학 책《리살라 필 쿠리야트 알유주드》에서 그는 인간의 존재적 의문을 다루었다. 카얌은 후원자의 종교적, 철학적 신념을 고려하여 각 책의 내용을 구성했다. 그는 책을 쓸 때 다른 철학자들의 책을 참고로 하였지만 그들의 견해에 대해서는 거의 찬성하지 않았으며 격론을 벌이기도 했다.

1092년 술탄 말리크샤가 죽음을 맞이한 후 그의 뒤를 이은 술탄은 천문 관측소와 일반 과학 연구에 대한 모든 재정 지원을 취소했다. 셀주크 법정에 남아 있는 카얌마저도 술탄은 탐탁지 않게 여겼다. 카얌은 수학, 과학, 천문학에 대한 후원을 기대하면서 새해의 시작을 축하하는 고대 이란인들의 축제 노루즈Nauruz를 다룬 책을 썼다. 그는 이 책에서 전 술탄의 후원을 받으며 진행했던 달력 개량의 역사에 대해서도 다루었다. 그러나 이런 노력에도 불구하고 술탄을 설득시키지 못했다.

1120년경는 카얌은 메르브로 이주했다. 그곳에서 그는 철학과 물리학을 통합한 두 권의 책을 썼다. '지혜의 조화'에 대해 다룬 책《미잔 알히캄*Mizan al-hikam*》에서 그는 금과 은의 합금의 배합 문제에 대하여 대수적인 해법을 제시했다. 그는 이와 유사한 문제인, 왕관이 순금

으로 되어 있는가를 밝혀낸 아르키메데스의 해법을 알고 있었다. 그는 합금의 배합 비율을 알아내기 위하여 각 금속을 물에 집어넣어 넘치는 물의 양을 측정하고, 각 금속의 실제 무게를 활용하는 과정에 대하여 설명했다. 《필쿠스타스 알무스타킴》에서는 저울눈이 움직이는 특수한 유형의 저울을 사용하여 물체의 무게를 재는 것에 대하여 다루고 있으며, 균형과 지렛대에 관한 아르키메데스의 이론을 토대로 하여 물리적 상황을 분석하기도 했다.

루바이야트

카얌의 시집 《루바이야트》는 그의 저서 중 가장 유명하다. '루바이야트'는 '루바이'의 복수로 루바이는 사행시를 뜻하는 페르시아어이다. 당시 루바이들은 일반적으로 각 연이 'aaba'의 운문 구조에 맞추어 쓰여졌다. 카얌은 거의 1000편에 달하는 루바이를 쓴 것으로 알려져 있다. 그는 이 시를 통해서 관념의 세계에 대한 즐거움과 삶의 의미에 대한 자신의 고찰을 드러내었다. 시는 주로 물질과 정신세계, 선과 악, 진실과 정의, 관능의 쾌락, 운명이나 도덕성 사이의 상호작용에 대해 다루었다.

비평가들은 카얌의 시들이 그가 저술한 철학 책과 비교하면 개인적 신념을 보다 정확하게 드러내고 있다고 말한다. 카얌의 무신론적 정서는 당시 대부분의 저명한 페르시아 시인들이 수피*Sufi*라는 종파의 일원이었던 점과는 대조를 이루었다. 당시에는 종교의식이 일상생활에서 차지하는 비중이 매우 컸기 때문에, 기성 관습이나 가치관에 반하는 색

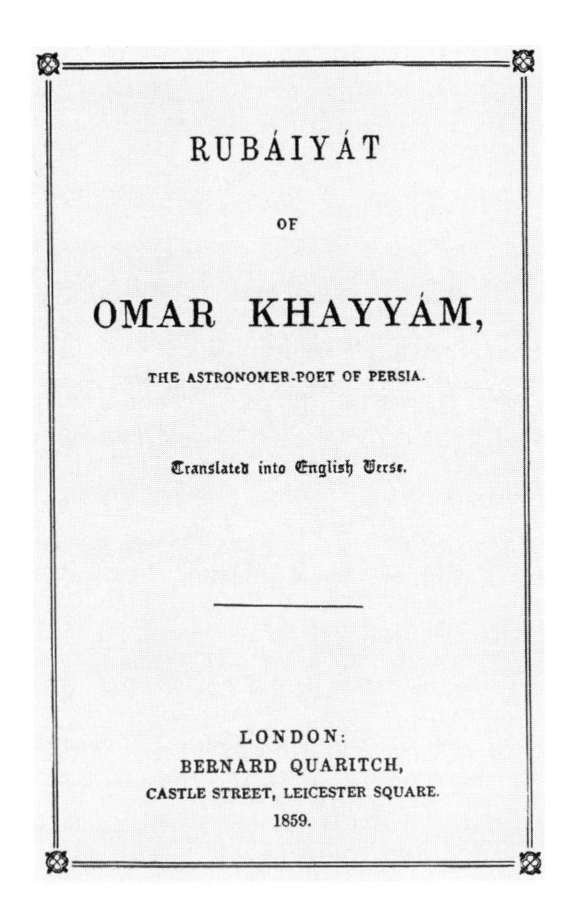
RUBÁIYÁT

OF

OMAR KHAYYÁM,

THE ASTRONOMER-POET OF PERSIA.

Translated into English Verse.

LONDON:
BERNARD QUARITCH,
CASTLE STREET, LEICESTER SQUARE.
1859.

에드워드 피츠제럴드는 오마르 카얌의 시를 모아 시집 《루바이야트》를 출간했다. 이 시집은 19세기 말 유럽에서 널리 읽혔다.

채를 띤 그의 시들은 동료나 동시대인들에게 호응을 불러일으키지 못했다.

이 시집은 1859년 영국의 시인이자 번역가인 에드워드 피츠제럴드가 번역하여 《루바이야트》라는 시집을 발간하면서 세계에 알려지게 되었다. 초판이 발행되었을 때는 널리 보급되지 못했지만 점점 유명해지면서 1868년과 1889년 사이에 4권의 증보판을 찍을 정도로 영국과 미국 전역에서 팔려 나갔다.

무덤 위에 장미 꽃잎을 뿌려 주오!

카얌은 니샤부르에서 일생을 마감하였지만 그 날짜는 정확하지 않다. 카얌은 그의 시에서 북풍이 불어 무덤 위에 장미꽃이 흩뿌려질 수 있는 곳에 자신을 묻어 달라고 했다. 그의 제자인 콰자 니자미에 따르면 카얌의 무덤은 이웃 정원에서 자라는 과일 나무에서 떨어지는 향기로운 꽃에 덮여 있었다고 한다.

오마르 카얌은 수학, 천문학, 철학, 물리학, 시 분야에서 자신이 매우 뛰어나다고 생각했으며 자신을 당시의 탁월한 페르시아인 학자들 중의 한 명이라 여겼다. 그의 가장 중요한 수학적 업적은 3차방정식에 대한 체계적인 기하학적 해법을 제시했다는 것이다. 이 삼차방정식에 관한 기하학적 해법은 수학사에서 매우 중요한 진보 중 하나였다.

평행선과 비례에 대한 유클리드 이론에 대한 주석서 또한 기하학과 산술에 있어서 중요한 업적이라고 할 수 있다. 그의 여러 가지 업적들은 고대 그리스인들이 쌓기 시작하고 여러 세대의 아라비아 수학자들이 체계적으로 발전시킨 지식이나 연구 결과를 토대로 하여 한층 향상시킨 것이었다. 카얌의 책들은 유럽의 수학자들이 카얌의 지식을 자유롭게 재발견하고 확장시킨 19세기가 되어서야 유럽에서 활용되기 시작했다. 유럽의 학자들은 카얌의 연구 결과를 탐색하면서 당시의 아라비아 학자들이 이룬 수학의 발달 상황을 파악할 수 있었다.

레오나르도 피보나치

Fibonacci
(1175~1250)

인도-아라비아 숫자를 유럽에 보급시킨 수학자

레오나르도 피보나치는 유럽이 인도-아라비아 수 체계를 도입하고, 고대 그리스 수학에 관심을 갖게 되는 데 주요한 역할을 했다.

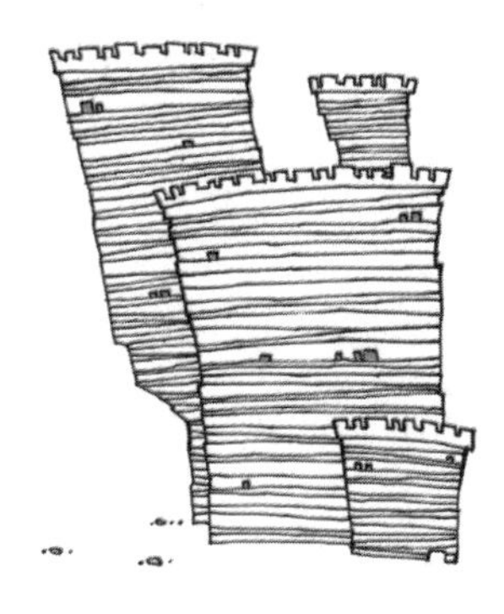

피사의 레오나르도 다빈치

피사의 레오나르도 다빈치라 불리는 레오나르도 피보나치는 중세 유럽에서 가장 재능 있고 영향력 있는 수학자였다. 그는 이집트, 시리아, 그리스, 시칠리아 등을 여행하며 아라비아에서 발전된 수학을 두루 섭렵하고 이를 유럽인들에게 소개함으로써 유럽 여러 나라에서 수학을 부흥시키는 원동력이 되게 했다.

산술과 초등적인 대수를 다룬 책 《산반서》는 인도-아라비아 수 체계를 유럽에 보급시키는 데 큰 역할을 했다. 이 책에는 흥미로운 문제가 많이 실려 있는데 그중에는 많은 사람들이 피보나치수열이라 부르는 수열에 관한 문제도 있다. 또 수론을 다룬 《제곱근서》는 그리스와 아라비아의 고대 수학을 재발견하고 수학의 한 분야인 수론을 발달시키는 데 기여했다. 그리고 피보나치를 이 분야에서 디오판토스와 페르마 사이의 가장 뛰어난 수학자로 일컬어지게 했다. 피보나치의 이 두 권의 책들은 모두 당대 수학자들의 능력을 훨씬 능가하는 걸작으로 평가받는다.

수학을 좋아하던 소년 시절

피보나치는 1175년 이탈리아의 피사에서 태어났다. 피보나치는 '보나치의 아들'을 의미하며, 사람들은 탄생지인 피사를 덧붙여 그를 피사의 레오나르도, 레오나르도 피사노 또는 레오나르도 피사니라고 불렀다. 피보나치는 자신이 쓴 책에 레오나르도 비골로 또는 레오나르도 비골리라고 서명했는데, 비골로Bigollo는 여러 가지 의미를 가지고 있지만 보통 '여행자' 또는 '얼간이'를 뜻한다. 아마도 여행을 많이 했기 때문에 그렇게 서명했을 수도 있고 숫자에 관심이 많은 그를 다른 사람들이 얼간이라 부르자 장난 삼아 그렇게 서명했을 것이라고는 추측도 있다.

피보나치의 아버지 귈리엘모 보나치는 이탈리아 아르노 강 하구에 위치한 인구 만 명의 독립 도시국가인 피사공화국에서 상무장관을 역임하다가 1192년에는 북부 아프리카의 해안가에 있는 상업 밀집지

역인 부기아의 세관 책임자로 임명되었다. 피보나치는 십대가 되어서야 부기아로 떠나 아버지와 함께 생활할 수 있었다. 그는 10여 년 동안 아버지와 함께 그리스, 터키, 시리아, 이집트, 프랑스, 시칠리아의상업도시로 여행을 다니면서 각 지역의 학문을 접하여 견문을 넓혀갔다. 한편으로는 장래에 상인이 되기 위한 교육을 받으면서, 계약을 체결하는 방법이나 상품에 적정한 가격을 매기는 방법, 여러 나라의 통화를 환전하는 방법도 익혔다.

부기아의 이슬람교 지도자들과 여행 도중에 만났던 여러 학자들로부터 폭넓은 지식을 전수받은 피보나치는 피타고라스, 유클리드, 아르키메데스가 발견하고 개발한 고대 그리스 수학과 더불어 아리아바타, 브라마굽타와 같은 인도 수학자가 발전시킨 수학 지식을 배우기도 하고 오마르카얌이나 알콰리즈미 같은 아라비아 학자들이 쓴 최신의 책들도 접했다. 그가 배운 인도와 아라비아의 수학은 당시 유럽에는 거의 알려져 있지 않았다. 이는 당시 유럽의 문화와 기술공학이 약 700년 동안의 암흑기에 빠져 있었기 때문이다.

로마 숫자와 인도-아라비아 숫자

피보나치는 아라비아 상인들이 유럽인들보다 뛰어난 수학적 기법을 활용하고 있음을 알게 되었다. 정수와 분수에 대해 효율적인 표기 체계를 가진 그들은 이 수들로 크기를 비교하거나 펜으로 직접 계산을 하는가 하면 체계적인 방법으로 검산을 할 수도 있었다.

당시 대부분의 유럽인들은 로마 숫자를 사용하고 있었다. 이 로마 숫자는 로마제국이 세워지던 BC 약 500년경에 도입되었으며 7개의 문자 I, V, X, L, C, D, M을 사용하여 1, 5, 10, 50, 100, 500, 1000을 각각 나타냈다. 수를 표기할 때는 값이 큰 문자부터 7개의 문자를 조합하여 사용하였으며 그 값은 각 문자가 나타내는 값의 합으로 나타내었다. 예를 들어 CCLXVIII는 100+100+50+10+5+1+1+1=268을 나타낸다. 뺄셈은 2개의 문자, 즉 값이 큰 문자 앞에 값이 작은 문자를 놓아 나타냈다. 이를테면 C의 왼쪽에 X를 붙인 XC는 '100보다 10 적은 수'를 나타내고, V 앞에 I를 붙인 IV는 '5보다 1 적은 수'를 나타내었다. 덧셈과 뺄셈을 혼합한 DXCIV는 500+(100−10)+(5−1)=594를 나타낸다. '어떤 값의 1000배'를 나타내기 위해서는 문자 위에 선을 긋거나 괄호 안에 문자를 넣어 나타냈다. 예를 들어 V는 5000을 나타내며, (C)는 100,000을 나타낸다.

반면 아라비아의 여러 나라에서는 BC 300년과 AC 700년 사이에 인도의 힌두교도들이 개발한 수 체계를 지속적으로 개선하면서 사용하고 있었다. 이 체계는 어떤 양들을 10의 거듭제곱의 합으로 나타내기 위하여 10개의 기호와 위치기수법을 사용했다. 오늘날의 0을 나타내는 기호는 크기가 없다는 것을 의미하는 것으로, '0'의 이와 같은 특성을 이용하여 '4'라는 같은 기호를 사용하면서도 놓는 위치를 달리함으로써 4와 40, 400, 4000을 구분하여 나타낼 수 있었다. 이와 같은 방법으로 4,304는 (4×1000)+(3×100)+(0×10)+(4×1)과 같이 나타냈다. 아라비아의 국가들은 일부 기호를 바꾸는 등의 수정, 보완 과정을 거쳐 우리에게 익숙한 0부터 9까지의 오늘날의 인도-아라비아 숫자를 만들었다.

피보나치는 이 수 체계가 계산할 때 매우 편리하다는 것을 깨달았다. 그는 인도-아라비아 숫자들을 사용하여 효율적으로 사칙연산을 하는 방법과 종이 위에 펜으로 직접 써서 계산하는 방법을 배웠다. 로마 숫자를 사용할 경우에는 사칙연산이 복잡하고 어려워 지루할 뿐만 아니라 직접 써가며 계산할 때에도 단계적으로 쓰는 방법이 없어 인도-아라비아 숫자에 비해 불편함이 많았다. 대부분의 유럽인들은 주판을 가지고 계산을 하면서도 값은 로마 숫자로 표기하고 있었다. 주판은 유럽보다 수백 년이나 앞서 중국에서 먼저 발명된 고대 계산 도구였다.

피보나치의 대작, 산반서

1202년 피사로 돌아온 피보나치는 인도-아라비아 수 체계의 이점을 널리 알리기 위해 《산반서*Liber Abaci*》를 썼다. 《산반서》는 모두 15개의 장으로 이루어져 있는데 처음 일곱 개의 장에서는 새로운 수 체계를 이용한 계산 방법에 대해 설명하고 있으며, 다음 네 개의 장에서는 상거래를 할 때 새로운 수 체계에 의한 계산법의 편리함에 대해 자세히 설명하고 있다. 마지막 네 개의 장에서는 산술, 대수, 기하, 수론에서의 여러 가지 계산법들과 재미있는 문제들도 함께 제시하고 있다.

피보나치는 인도-아라비아 수 체계가 계산이 간편하고 검산이 용이하며 매우 효율적이라고 강조했다. 그는 수를 정수와 분수, 대분수로 구분하고 이 수들을 읽고 쓰는 방법과 이 수들의 사칙연산에 대하여 구체적으로 설명했다. 또 곱하거나 더할 때 임시로 올리는 숫자를 기억하기 위하여 손가락을 활용하는 방법에 대해서도 설명했다. 정수 계산에서는 계산 과정을 검증하는 한 방법으로 '구거법casting out 9's'을 제시했다. 이것은 계산 전과 후의 각 값들에 대하여 각 자리의 숫자들을 합한 다음 9의 배수가 되는 양만큼을 빼고 남은 수를 서로 비교하여 계산이 옳게 되었는지를 판단하는 방법이다.

《계산법》 (목판화, 1503년)
주판과 비슷하게 생긴 산판을 가지고 계산하는 피타고라스의 모습(오른쪽)과 인도-아라비아 숫자를 사용하여 계산하는 보에티우스의 모습(왼쪽)을 묘사했다.

예를 들어, 분수와 대분수에서 분수 $\frac{95}{120}$는 $\frac{157}{2610}$과 같이 나타내고, 대분수 $1\frac{87}{91}$은 $\frac{3}{7}\frac{12}{13}9$와 같이 표기했다. 이때 $\frac{157}{2610}$은 $\frac{1}{2\cdot 6\cdot 10}+\frac{5}{6\cdot 10}+\frac{7}{10}$을 뜻한다. 피보나치는 단위분수도 즐겨 사용하였던 것 같다. 그는 $\frac{20}{33}$은 $\frac{1}{66}+\frac{1}{11}+\frac{1}{2}$로, $\frac{99}{100}$는 $\frac{1}{25}+\frac{1}{5}+\frac{1}{4}+\frac{1}{2}$과 같이 나타내면서 분수를 단위분수의 합으로 쓰는 방법에 대해서도 설명했다.

8장부터 11장까지는 이 새로운 수 체계가 이자와 이윤 계산, 가격의

할인, 조합영업, 통화의 환전 등 상거래에서 매우 편리하게 활용될 수 있음을 강조하여 설명하고 있다. 각 상황에 대하여 7장까지 앞서 다룬 여러 가지 계산 방법을 바탕으로 종이 위에 직접 써서 하는 계산법에 대하여 설명한 피보나치는 각 개념을 설명하기 위하여 다양한 예를 들고 각각의 예에 대하여 완전하고 상세한 풀이 방법을 덧붙이기도 했다.

12장에서 15장까지는 여러 가지 재미있는 수학 문제를 해결하기 위하여 새로운 계산 방법을 도입하는가 하면 높은 수준의 응용문제를 제시하기도 했다. 책의 $\frac{1}{3}$ 분량을 차지하는 12장에서 다룬 문제들 중에는 그리스, 아라비아, 이집트, 중국, 인도 수학자들이 저술한 흥미로운 문제와 함께 어려운 문제들을 소개하고 있다. 각 문제는 벽을 기어오르는 거미들, 토끼를 쫓는 개, 말을 사는 사람들에서 체스판 위에 놓인 곡물 낟알의 수나 동전 지갑에 들어 있는 돈의 액수를 알아내는 문제들까지 매우 다양하다.

피보나치는 임시위치법과 이중 임시위치법에 관하여 설명하고, 이 방법을 활용하여 이전 장들에서 다룬 모든 유형의 문제들을 해결하는 방법을 제시하기도 했다. 마지막 장에서는 알콰리즈미와 유클리드가 개발한 대수적 방법과 기하학적 방법에 대해서도 다루었다.

《산반서》는 중세에 쓰여진 가장 영향력 있는 수학 책 중 하나이다. 유럽 전역에 걸쳐 사업가나 과학자, 정부 관료, 교사들은 계산을 하거나 무언가를 기록할 때 로마 숫자 대신 인도-아라비아 숫자를 사용하기 시작했다. 피보나치의 《산반서》와 프랑스인 알렉산드르 드 비르듀의 《알고리스모의 노래》, 영국인 사크로보스코로도 알려진 핼리팍스의 존의《알기 쉬운 알고리즘》이 그러한 현상에 큰 기여를 했다. 피보나치는《산반서》를 통하여 동시대인들 중 뛰어난 학자라는 명성을 얻게 되었다.

피보나치는《산반서》에서 유용한 계산 방법 및 실용적인 수학적 응용문제 외에도 단문자로 된 변수와 음수라는 두 가지의 독창적인 아이디어를 제시했다. 그도 역시 미지량을 res라 나타내면서 각 방정식을 말로 표현하는 그리스 전통을 따랐지만 9장의 앞부분에서는 계산 과정에서 나타나는 특정하게 정해지지 않은 수나 기하 문제를 해결할 때 몇몇 길이를 나타내기 위해 단문자를 사용했다. 이것이 일반적인 양을 표현하기 위해 단문자 변수를 사용한 최초의 시도였다. '사람과 지갑' 문제를 해결할 때는 음수를 사용하였는데, 음수는 작은 양에서 큰 양을 뺄 때 나타나는 것으로 피보나치는 '빚'을 더하는 것은 그 양만큼의 양수를 빼는 것과 같다고 설명했다.

대부분의 유럽 국가들이 13세기 말쯤 되어서야 인도-아라비아 수체계를 받아들였지만 수학자들이 단문자 변수와 음수를 실제로 적용하기 시작한 것은 16세기 말이 되어서였다. 그들은 이미 음수를 알고 있었지만 음수를 가공의 수, 불합리한 수, 가짜의 수로만 여기고 있었기 때문이다.

피보나치수열

《산반서》에 제시된 재미있는 문제 중 피보나치의 이름과 관련된 것이 있다. 피보나치수열이라 부르는 무한수열에 관한 것으로, 이 수열은 1, 2, 3, 5, 8, 13, 21, 34, 55, 89,…로 되어 있다. 이 수열의 각 항의 값은 처음의 두 수 다음의 수부터는 앞의 두 수를 더한 값이 바로 다음의 수가 되는 규칙에 따라 나열한다. 예를 들어, 5와 8 다음에 나타나는 수는 5+8=13이고 34와 55 다음에 나타나는 수는 34+55=89이다. 일반적으로 n번째에 나타나는 수가 바로 앞에 나열한 두 수를 합한 것임을 나타내는 이와 같은 규칙은 식 $F_n = F_{n-1} + F_{n-2}$로 나타내기도 한다.

피보나치는 '한 쌍의 다 자란 토끼가 1년에 몇 쌍의 토끼를 낳을까?'라는 제목의 수학 문제를 해결하면서 이 수열을 제시했다. 이것은 다음 조건에 따라 농장 주인이 1년이 지난 후에 몇 쌍의 토끼들을 갖게 될 것인지를 구하는 문제이다.

> 농장 주인이 다 자란 한 쌍의 토끼를 데려왔다. 이 한 쌍의 토끼는 매달 암수 한 쌍의 새끼를 낳으며, 새로 태어난 토끼도 태어난 지 두 달 후부터 매달 한 쌍씩의 암수 새끼를 낳는다고 한다. 1년이 지나면 농장 주인은 모두 몇 쌍의 토끼를 키우게 될까?

수열의 각 항의 값은 매달 농장 주인이 키우게 되는 토끼 쌍의 수로 나타낸다. 첫 번째 달에는 한 쌍의 토끼(F_0=1)가 새끼 토끼 한 쌍을 낳아 농장 주인은 두 쌍의 토끼(F_1=2)를 키우게 된다. 두 번째 달에도 역시 처음부터 가지고 있었던 한 쌍의 토끼가 또 다른 새끼 토끼 한 쌍을 낳아 농장 주인은 결국 세 쌍의 토끼($F_2=3$)를 키우게 된다. 그러나 세 번째 달에는 첫 번째 달에 태어난 한 쌍의 토끼와 처음부터 있었던 한 쌍의 토끼가 각각 새끼 토끼 한 쌍씩을 낳아 농장 주인은 다섯 쌍의 토끼($F_3=5$)를 키우게 된다. 이 과정을 자세히 살펴보면 매달 태어나는 새끼의 쌍의 수는 태어난 지 두 달 이상인 토끼의 쌍의 수($F_n=F_{n-1}+F_{n-2}$)와 같음을 알 수 있다. 피보나치는 이 규칙에 따라 1년이 지난 후 농장 주인은 $F_{12}=F_{11}+F_{10}=233+144=377$쌍의 토끼들을 키우게 된다는 것을 증명했다.

나중에 이 수열을 연구한 수학자들은 수열의 맨 앞에 '1'을 추가하고 이 값을 첫 번째 항의 값으로 하여 수열을 1, 1, 2, 3, 5, 8, 13, 21, …과 같이 나타내었다.

이 수열의 n번째 항의 값은 식 $F_n=\frac{1}{\sqrt{5}}\left[\left(\frac{1+\sqrt{5}}{2}\right)_n-\left(\frac{1-\sqrt{5}}{2}\right)_n\right]$과 같

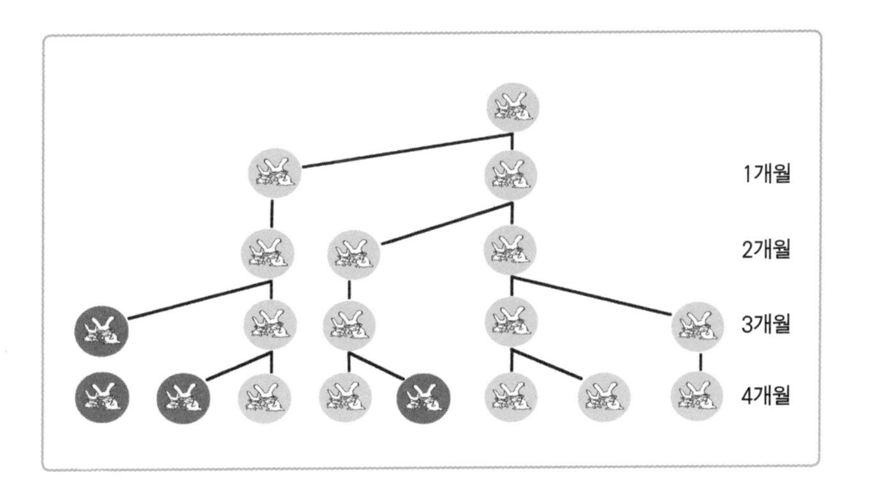

이 나타낼 수 있다.

수학 문제 시합

1220년, 피보나치는 《실용 기하학*Practica geometriae*》이라는 두 번째 책을 출간했다. 이 책에서는 평면도형과 공간도형의 길이나 넓이, 부피를 구하는 문제 해결 방법을 다루었다. 그는 실제적인 응용을 강조하면서 언덕의 한쪽에 있는 땅의 넓이나 키가 큰 나무의 높이를 구하는 방법에 대해서도 설명했다. 또 삼각형에 내접하는 정사각형과 같은 다각형의 각 길이를 구하는 방법과 제곱근과 세제곱근을 계산하는 방법도 제시했다.《산반서》처럼 이 책 역시 그리스 수학자와 아라비아 수학자들이 쓴 책에서 많은 부분을 인용했다.

독일 제국의 왕이자 신성 로마제국 황제 프레드릭 2세가 피보나치의 명성을 듣고 그에게 궁정에서 열리는 수학 문제 시합에 참여할 것을 요청했다. 황제는 유명한 수학자들을 초청해 피보나치와 함께 겨루도록 했다. 프레드릭 2세의 신하인 팔레르모의 요하네스가 세 개의 어려운 문제를 출제하자 다른 수학자들은 전혀 풀지 못했지만 피보나치만은 모두 정확히 해결했다.

1225년 피보나치는 당시의 세 문제 중 짧은 두 문제는《꽃》이라는 책에, 나머지 하나는《제곱근서》에 해를 제시했다.

첫 번째 문제는 식 $x^2=y^2-5$와 $z^2=y^2+5$를 만족하는 유리수 x, y, z를 찾는 것이었다. 피보나치는 어떻게 답을 얻었는지에 대하여 설명하지 않고, 답이 $x=\frac{31}{12}$, $y=\frac{41}{12}$, $z=\frac{49}{12}$임을 제시했다.

두 번째 문제는 삼차방정식 $x^3+2x^2+10x=20$의 해를 구하는 것이었다. 피보나치는 그리스 수학자 유클리드가 정수와 유리수 중에는 이 방정식을 만족하는 수가 없다는 것을 증명한 사실을 알고 있었다. 그래서 정확한 값이 아닌 근사해 $x=1+\frac{22}{60}+\frac{7}{60^2}+\frac{42}{60^3}+\frac{33}{60^4}+\frac{4}{60^5}+\frac{40}{60^6}$을 구했다. 이것은 소수점 아래 아홉째 자리까지 정확할 정도로 실제의 답에 매우 가까운 수였다.

세 번째 문제 '3명이 저축한 돈을 나눠 가진 다음 첫 번째 사람은 자신이 가진 돈의 $\frac{1}{2}$을 내고, 두 번째 사람은 $\frac{1}{3}$을 내고, 세 번째 사람은 $\frac{1}{6}$을 내서 다시 돈을 모은 뒤 모은 돈을 똑같이 3등분해서 가졌다. 그러자 첫 번째 사람은 처음 저축액의 $\frac{1}{2}$이 되었고, 두 번째 사람은 처음 저축액의 $\frac{1}{3}$이 되었으며, 세 번째 사람은 처음 저축액의 $\frac{1}{6}$이 되었다.

그렇다면 처음 저축액은 얼마이며, 이 세 명이 처음에 가져간 돈은 각각 얼마씩일까?'라는 가장 쉬운 문제였다.

피보나치는《산반서》에서 제시한 '사람과 지갑'에 관한 문제의 해결법을 활용하여 복잡해 보이는 문제의 해를 매우 간단히 제시했다.

수론의 선두주자,《제곱근서》

1225년 말 피보나치는《제곱근서*Liber Quadratorum*》를 출간하여 황제에게 바쳤다. 수론을 주로 다룬 이 책은 2차방정식의 해법이 설명되어 있다. 또 부정방정식 $x^2+y^2=z^2$을 만족하는 무한히 많은 피타고라스 세 쌍의 정수 x, y, z를 구하기 위한 여러 가지 방법에 대해서도 다루었다. 그중 한 방법으로 항등식 $(a^2+b^2)(c^2+d^2)=(ac+bd)^2+(ad-bc)^2=(ac-bd)^2+(ad+bc)^2$을 사용했다. 이 항등식은 수백 년 전부터 그리스와 아라비아 수학자들이 자주 이용해 왔지만 나중에는 피보나치 항등식으로 알려지게 되었다.

피보나치는 서로 합동인 수들에 대해서도 설명했다. 만약 $a+b$가 짝수이면 $n=ab(a+b)(a-b)$ 꼴의 정수이고, $a+b$가 홀수이면 $n=4ab(a+b)(a-b)$ 꼴의 정수이다. 그는 모든 합동인 수들이 24에 의해 나누어진다는 것과 합동인 수들의 제곱근이 정수가 될 수 없다는 것을 증명하고 이들 수에 대하여 많은 성질들을 알아내었다. 또 y^2+n과 y^2-n이 제곱수일 때는 n이 반드시 합동인 수가 됨을 증명하기도 했다. 특히 수학 시합에서의 첫 번째 문제를 해결하기 위하여 $y=41$, $n=720$의 값을 어떻게 활용하는가를 설명했다.

피보나치는 생전에 《산반서》로 더 잘 알려졌지만 후세의 수학자들은 《제곱근서》를 보다 중요한 업적으로 간주했다. 수학자들도 《산반서》를 통해 피보나치가 글을 설득력 있게 잘 쓰는 저술가이자 그리스, 아라비아, 인도의 고대 수학에도 정통한 수학자임을 파악할 수 있었다. 또 《제곱근서》를 통해서는 다음 20세기를 아우를 만큼 그가 산술 계산을 초월하는 주제에 대해서도 진보적인 지식을 갖추고 있는 수학자임을 간파했다. 피보나치는 이 책을 구성할 때 이전의 유명한 수학자들이 연구한 수론의 여러 주요한 이론을 참고함은 물론, 자신의 독창적인 계산법 및 개념들을 추가하여 지식을 확장시켰다. 이후 이 책은 400년 동안 그가 제시한 새로운 이론과 해법들로 인해 수론을 선도하는 역할을 했다.

훌륭한 시민상을 받다

피보나치는 현재는 남아 있지 않은 또 다른 두 권의 수학책을 썼다. 한 권은 상업 계산에 관한 책으로《산반서》의 몇몇 장의 내용과 비슷하며 인도-아라비아 숫자를 사용하여 상거래하는 방법을 다루고 있다. 또 다른 책은 유클리드《원론》의 제10장에 대한 해설서로 유클리드 기하학을 확장시키는 데 기여한 무리수에 대하여 설명하고 있다. 동시대 몇몇 학자들이 이 책에 대하여 언급했지만 어떤 사본도 남아 있지 않으며 정확한 제목도 알려져 있지 않다.

1228년 피보나치는 덜 중요시되는 자료를 빼고 몇몇 새로운 자료를 추가하여《산반서》의 두 번째 개정판을 발간했다. 13세기에서 15세기 사이에 만든 12권의 사본은 현재까지 전해 내려오고 있지만 1202년의 초판에 대해서는 사본조차도 남아 있지 않아 초판과 개정판이 얼마나 다른지는 파악하기가 어렵다. 피보나치는 1228년 개정판을 몇 권의 과학 교과서의 저자이자 황제의 신임을 받는 점성술사 마이클 스캇에게 바쳤다.

생애 마지막 몇 년 동안 피사 정부의 재정 및 회계 관련 업무를 맡았던 피보나치에게 1240년 피사 공화국은 훌륭한 시민상을 수여하고 정기 급여와 함께 매년 보너스를 주었다. 그는 1250년경에 세상을 떠났다.

국제 피보나치학회

피보나치는 중세의 가장 영향력 있는 수학자였다. 그의 책《산반서》는 유럽인들이 인도-아라비아 수 체계를 받아들일 수 있도록 디딤돌 역할을 했다. 또 그의 음수와 단문자 변수의 사용은 이후 몇 세기 동안 대수학의 진보에 큰 공헌을 했다. 그가 세상을 떠난 이후 4세기 동안《제곱근서》는 수론을 이끌어가는 선도적인 역할을 했으며 유럽인들은 이 책을 통해 그리스와 아라비아의 고전 수학을 재발견했다. 또 그가 정리해 놓은 수학 문제는 이후 8세기 동안 여러 분야의 수학자들 및 저자들의 호기심을 자극했다.

많은 수학자들과 과학자들은 토끼 문제에서 발전한 피보나치수열 1, 1, 2, 3, 5, 8, 13, 21, 34, …을 그들의 연구 주제로 삼았다. 그리고 이 수열의 주요한 특징 중의 하나인 이웃하는 두 항의 비가 황금비 $\Phi=\frac{\sqrt{5}+1}{2}\approx 1.618$과 거의 같다는 것을 알게 되었다. 생물학자들은 잎 차례뿐만 아니라 해바라기와 데이지의 씨앗, 솔방울과 파인애플 껍질에서 나타나는 나선을 관찰한 결과 피보나치수열의 일부 숫자들을 확인했다.

1963년, 피보나치 수와 루카스 수 및 여러 가지 다른 수열들의 특징에 대하여 연구한 수학자들은 '국제 피보나치학회'를 창설하고 연구 결과를 정리하여《피보나치 계간지》를 만들었다. 이 학회는 지금도 여전히 활발하게 활동하고 있다.